亲·悦阅读系列

新编

百科

科学育儿

何卫珍⊙编

中国纺织出版社

内容提要

本书以全新的视角，一方面详细诠释了宝宝出生前夫妻不仅需要做好物质上的充分准备，更要做好精神、心理上的准备，从而轻松、愉快地迎接小天使的到来。另一方面利用清晰的线条，全方位地指导年轻父母了解并掌握0～3岁宝宝各阶段的发育状况，学习科学的营养饮食、精心的日常护理、疾病的预防与护理、智能开发与训练、宝宝智能发育测试等方法。使父母轻松应对宝宝各阶段出现的养育难题，从而感受到育儿的快乐与自信。希望本书可以帮助每对父母培养出健康、聪明的小宝宝！

图书在版编目（CIP）数据

新编科学育儿百科 / 何卫珍编 . --北京：中国纺织出版社，2014 . 10

（亲·悦阅读系列）

ISBN 978-7-5064-9818-0

Ⅰ.①新… Ⅱ.①何… Ⅲ.①婴幼儿-哺育 Ⅳ.①TS976.31

中国版本图书馆CIP数据核字（2014）第136440号

策划编辑：樊雅莉　　责任编辑：穆建萍　　责任印制：王艳丽

中国纺织出版社出版发行
地址：北京市朝阳区百子湾东里A407号楼　邮政编码：100124
销售电话：010-67004422　传真：010-87155801
http://www.c-textilep.com
E-mail: faxing@c-textilep.com
中国纺织出版社天猫旗舰店
官方微博http://weibo.com/2119887771
北京佳信达欣艺术印刷有限公司印刷　各地新华书店经销
2014年10月第1版第1次印刷
开本：710×1000　1/16　印张：20
字数：252千字　定价：29.80元

凡购本书，如有缺页、倒页、脱页，由本社图书营销中心调换

目录
Contents

第一章
迎接小天使的到来

第二章
0～1个月：平安度过关键期

第三章
1～2个月：在微笑中成长

第四章
2～3个月：在相互的交流中成长

第五章
3~4个月：开始尝试"社交"了

第六章
4～5个月：感受丰富多彩的世界

第七章
5~6个月：养成良好的生活习惯

第八章
6～7个月：聪敏的宝宝开始认人了

第九章
7～8个月：宝宝在爬行中"探险"

第十章
8～9个月：在模仿中找乐趣

第十一章
9~10个月：在父母的关爱和鼓励中学习

第十二章
10～11个月：运动能力不断增强

第十三章
11～12个月：渐渐成为独立的个体

第十四章
13～18个月：每天都有新惊喜

第十五章
19~24个月：让宝宝懂得更多的道理

第十六章
25～36个月：为宝宝打开知识的门窗

第一章

迎接小天使的到来

经过十月怀胎，宝宝出生的那一刻终于来临了。在宝宝出生前，准父母们就应该提前做些准备，主要包括心理准备和物质准备。当宝宝顺利分娩后，准爸爸和准妈妈就变成了真正意义上的爸爸妈妈。接下来，为人父母的你们就需要在生活中科学地、细心地呵护和照料小宝宝，以保证宝宝能够健康、快乐地成长。

充分的心理准备

你们准备好做父母了吗？对于这个问题，很多准父母认为，准备只是物质方面的，其实，对于没有经验的年轻准父母来说，心理上的准备才是第一位的。只有做好充分的心理准备，才可能在未来成为一名合格的父亲或母亲。那么，除了要有强烈的责任心之外，准父母们还应该有哪些心理上的准备呢？

给自己足够的信心

首先应该给自己足够的信心，因为对于即将出生的宝宝来说，父母是极其亲近而唯一的，只有父母才是养育宝宝的最佳人选。所以，对于年轻准父母来说，不要因为自己没有经验而慌张，其实，每个父母都是从自己的第一个宝宝开始学习和做起的。只要顺其自然，从容自信，相信每位准父母将来都能培养出最好的孩子来。

积累育儿经验

做父母的经验会在照料宝宝的过程中逐渐积累起来。父母们会发现，自己在抚育宝宝的过程中慢慢地学会了如何做父母，如给宝宝喂奶、换尿布、洗澡等，都是无师自通的。在这个过程中，父母和宝宝之间形成了互相信任的情感。并且，通过精心地抚育宝宝，父母也逐渐走向成熟。

相信自己的能力

准父母一定会经常和亲友们谈论如何抚养孩子的事情，也会更加留心报纸和杂志上的相关文章。于是，便会有各种不同的说法充斥着准父母的头脑，这些说法甚至会互相矛盾。这时，如何取舍便成了准父母们最头疼的问题。怎么办，该听谁的？意见越多便越觉得迷茫。其实，不要把别人的话都当真，更不要被他们的话吓倒，要敢于相信自己的常识。父母出于本能的爱心而给予宝宝的关心和照顾，比那些技巧更重要。

❀ 重视户外运动

准妈妈为了胎宝宝和自身的健康，一定要重视户外活动，创造机会尽可能多地做些。因为户外活动不仅更加有利于体内血液循环和内分泌调节，还可以适当放松一下紧张和焦虑的心情。积极的体育活动，伴随户外的阳光和清风，可以帮助准妈妈摆脱胡思乱想的状态和郁闷的情绪，能够让准妈妈精神振奋，从而为胎宝宝的健康发育创造良好的心理环境。

❀ 保持乐观的情绪

准妈妈在怀孕的过程中，要尽量放松自己的心情，调整好心态，及时梳理和转移自己的不良情绪。其中有效而便捷的做法是，夫妻俩经常谈心，相互鼓励。另外，给胎宝宝唱歌、共同欣赏音乐也是不错的选择。如果准妈妈真的出现了激烈的情绪反应，也可找心理医生咨询，进行心理治疗。

> ❤ **专家指导**
>
> **准妈妈要拥有良好的情绪**
>
> 长期情绪紧张会对人体免疫系统产生不良影响，从而大大削弱准妈妈对疾病的免疫力。

❀ 重男轻女的思想要不得

传统的"重男轻女"思想不仅深深地影响着老一辈人，而且，对于当代的年轻人来说，也会受到同样的影响。对于这一点，不仅需要准妈妈和准爸爸树立正确的认识，而且还应该使其成为所有家庭成员的共识，特别是老一辈人，要从"重男轻女"的思想桎梏中解脱出来，这样才能从根本上解除准妈妈的思想压力。随着社会的进步、人们认识的提高和生产方式的变化，越来越多的人改变了"重男轻女"的错误观点，认识到生男生女都一样，女儿也是传代人。

做好物质准备

宝宝马上就要来了，对于准爸爸妈妈来说，内心一定充满着无比的激动和幸福。十个月的日夜盼望和呵护，马上就要变成现实了。高兴的同时，也不要忘记为宝宝的到来做好一切物资准备。

选购安全的婴儿床

婴儿床是确保宝宝安全的地方。婴儿床的栏杆最好是能上下调节的，这样，即使宝宝长大了也可以用。另外，栏杆之间的距离不能过大，也不能过小。注意以不夹住宝宝的头和脚为宜。为了防止宝宝头部受伤，婴儿床最好用木制的。有的婴儿床会涂有各种颜色，尤其注意的是，如果涂料中含有铅的话，当宝宝用嘴去咬栏杆时，就有可能发生铅中毒。所以，最好不要买涂有颜料的婴儿床。

选择舒适的被褥

宝宝用的被褥最好选用棉花做的。因为棉花透气好，也容易吸汗，被太阳一晒，柔软而蓬松。过于松软的新褥子由于会使宝宝的身体陷进去，脊柱发生弯曲而不利于睡眠和健康。可以选择大人用过的褥子给宝宝用。虽然褥子用旧的好，但被子还是以新的、轻的为好。

选择全棉的床单

新生儿的床单，最好采用全棉制品，要比小床大一些，四周可以压在床垫下面，这样会避免在宝宝活动时将床单踢成一团。一般来讲，新生儿可以不用枕头，这是因为新生儿的脊柱是直的尚未形成生理弯曲，在平睡与侧睡时，背、肩、头部几乎在一个平面上。

❀ 衣服的安全很重要

宝宝的抵抗力较弱，而且由于他们皮肤细嫩，成长较快，所以对有害物质的吸收能力比成人要高，因此，有害物质对宝宝健康造成的危害更大。在为宝宝选择衣服时，应首先考虑它的安全性。尽量选择颜色浅的内衣，在选择白色纯棉内衣时应注意是否为真正天然的、不加荧光剂的白色，其应是柔和的白色或略微有点黄。另外，胸前涂有鲜艳印花图案的容易使衣服的甲醛含量超标，因此，绣花图案的选择应优先于印花图案。同时还要注意饰物的安全性。

尽量选择饰物少、特别是金属饰物少的衣服，否则容易存在重金属超标的隐患。在选择有装饰物的衣服时，穿前必须检查饰物的牢固程度。

❀ 衣服以纯棉为主

宝宝的衣服应尽量选择全棉面料，这样宝宝穿着舒服。另外，在选择时也要考虑缩水问题，但号码不必过大也不能过小，否则会影响宝宝的肢体活动。当然，这并不是说所有衣物都要选用纯棉的，部分含涤纶或优质混纺面料也是选择之一。

❀ 选择适合宝宝的款式

宝宝好动，所以选择衣服时尽量要有一定的宽松度，不要把宝宝束缚在紧紧的衣服里，宝宝需要常常练习他新学习到的动作，只有宽松的衣服才能让宝宝有大施拳脚的机会。由于宝宝头较大，适宜选择肩开口、V领或开衫，容易穿脱的衣服。此外，还要注意衣服的颈部、腋下、裆部缝制得是否平整和牢固。

宝宝衣物的洗涤方法

新购买的宝宝衣物应充分洗涤一次后再穿，这样既可以洗掉衣服上的"浮色"以及织物中残留的大多数游离甲醛，又可以洗掉衣物在生产、销售过程中可能附着在衣物上的脏污等，另外，注意在洗涤时应与成人衣物分开洗，并且最好使用专用洗衣液或洗衣皂粉。

选择尿布的技巧

尿布是宝宝的必需品，在2岁之前都要包尿布，直到宝宝受到训练自己能上厕所为止。宝宝新陈代谢旺盛，大小便次数多，因此，尿布的选择和使用尤为重要。

科学合理选材

由于宝宝的皮肤十分娇嫩，所以选用尿布的材料并不要求高档、新颖，而要讲究柔软、清洁、吸水性能好。可用棉布制作尿布，颜色以白、浅黄、浅粉为宜，忌用深色，尤其是蓝、青、紫色等。

掌握尺寸大小

尿布的尺寸一般以36厘米见方为宜，也可做成36厘米×12厘米的长方形。正方形尿布可以折叠成三层，也可用两块长方形尿布折叠使用。系尿布的带子最好用布条，不要使用松紧带，勿垫塑料、橡皮布。尿布的数量要充足，一个宝宝一昼夜需20～30块尿布。

勤换、勤洗

要勤换尿布，每次喂奶前应更换一次尿布。另外，在宝宝啼哭时也要想到尿布是否潮湿。清洗尿布时应用肥皂搓洗，不宜用洗衣粉、药皂和碱性太大的肥皂液洗尿布。换尿布时应认真观察宝宝臀部及周围的皮肤是否异常。曝晒的尿布应待其凉透后再用，寒冷季节应焐热再用。

更换尿布时的擦拭方法

更换尿布时还要讲究擦拭方向，女宝宝因为尿道短，为女宝宝换尿布时应从前向后擦拭，而不应从后向前擦拭，否则容易将肛门口的细菌带到尿道及阴道口，从而导致尿道、阴道感染。

尽量少用纸尿裤

纸尿裤应在家长尚未掌握宝宝大小便规律时或宝宝的大小便还没有形成一定的规律时，为了避免影响宝宝休息，可暂时在夜间使用。另外，在外出时间较长时，为了方便也可暂时使用纸尿裤，但不提倡经常使用，为了宝宝的健康成长，应尽量少用纸尿裤。

选择婴儿专用天然护肤品

一般新生儿需要准备的洗护用品有洗发水、沐浴露、润肤乳液、面霜、按摩油、护臀霜、爽身粉。总体来说，宝宝专用的润肤产品一般分润肤露、润肤霜和润肤油三种类型，后一种会比前两种更油一些。相比之下，含天然滋润成分的润肤露、润肤霜一般含有保湿因子，能有效滋润宝宝的皮肤；润肤油一般含有天然矿物油，能够预防干裂，滋润皮肤的效果会更强一些。另外，市面上销售的护肤品以1周岁为界限区分，1周岁以下的宝宝可以选择专门的婴儿护理品，1周岁以上的则可以选用儿童护理品。在买儿童护肤品的时候首先要选择专业的产品，因为非专业、非正规生产儿童护肤品厂家的产品很可能含有成人用品成分，最好不要买。

专家指导

慎重选择宝宝的护肤品

由于宝宝的皮肤具有容易吸收外物的特性，对于等量洗护用品中的化学物质，宝宝皮肤的吸收量要比成人多。所以，保护好宝宝的皮肤，妈妈要做的第一步就是选择合适的护肤用品。

谨防宝宝皮肤过敏

因为宝宝有个体差异，别人的宝宝用得好的产品并不一定适合你的宝宝，所以在选用的时候需要谨慎。除了先看生产日期、有效期、皮肤过敏者慎用等说明外，用的时候最好先在宝宝手臂内侧或耳后根抹一点观察一下，如果没有出现异常反应再使用。另外，需要强调的是，一旦宝宝在使用护肤品后，出现皮肤瘙痒、红肿、疹子等过敏反应，就应该立即停用。

宝宝嘴唇的护理

相比脸和手足部分，宝宝的嘴唇最容易被忽略。其实和大人一样，冬天，宝宝的小嘴唇也很容易变干甚至脱皮。因为唇部没有汗腺及油脂分泌，宝宝又喜欢舔嘴唇，不仅不能湿润嘴唇，反而会加速唇部的水分蒸发，使双唇更加干涩。为此，妈妈最好选用含有维生素E等滋润成分的儿童润唇膏来保持宝宝唇部的柔润，这种润唇膏在超市里都能买到。医生认为，专门的儿童唇膏，宝宝即使稍微舔一点到肚子里，是可以接受的。

吸奶器的选购

吸奶器是一种专门用于挤出积聚在乳腺里母乳的工具。一般适用于婴儿无法直接吮吸母乳的时候，或母亲的奶水过多，还有虽然在坚持工作，但仍然希望母乳喂养的情况。按操作方法吸奶器有电动型和手动型两种。由于母乳可能从两侧乳房同时流出，所以按功能吸奶器分为两侧乳房同时使用，以及单侧分别使用两种类型。实际使用时，只要挑选适合自身情况的产品就可以了。

奶瓶的选购

即使你打算用乳头直接给宝宝喂奶，也至少要准备3个奶瓶，以便用于给宝宝喂水和果汁。如果你事先就打算不用乳头给宝宝喂奶，那么就要准备更多奶瓶，因为一开始的时候，你通常需要将奶配置好。买塑料奶瓶比较实用，宝宝或大人不小心把它掉到地上的时候不会打碎。除此之外，还需要准备一个奶瓶刷，用于彻底清洁奶瓶及奶嘴内部，以保持奶瓶的清洁。

专家指导

对奶瓶的清洗要彻底

可先以热水涮过，冲掉残余油脂，如果要使用洗洁精，须选择由天然植物性成分所制成的。消毒可选择煮沸消毒和蒸汽消毒。帮宝宝清洗消毒奶瓶、奶嘴，要坚持"小疑难、大解决"的原则。

奶嘴的选购

如果给宝宝用奶瓶喂奶，需要准备几个奶嘴，即使用乳头喂奶，也需要准备五六个。不仅如此，最好应该多准备几个，以防给奶嘴扎眼的时候出现报废。材质一般分为天然乳胶、硅胶、乳胶硅胶合成3种，应选购国家安全检验合格的奶嘴，以触感柔软、弹性佳为宜。硅胶制奶嘴比较贵，但是不容易被奶油和热水腐蚀。

围兜的选购

爸爸妈妈可以给宝宝选择戴一个圆形小围兜，这样能有效防止宝宝的口水流到衣服上。因为幼儿或大一点儿的宝宝吃食物的时候，总是洒得到处都是。要解决这个问题其实并不难，只要妈妈给宝宝戴一个大围兜就可以啦。

小宝宝降生了

新生儿刚出生的时候可不像后来看到的那样活泼可爱，瘦瘦小小的不说，身上还有羊水和各种异物，脐带也没有剪断。所以，宝宝一出生就要立刻进行各项应急处理，包括异物的清理、剪断脐带以及消毒和洗澡。处理完毕后，宝宝就能干干净净地和妈妈见面了。

清理宝宝身上的异物

胎宝宝生活在母腹期间，通过脐带吸收氧气和营养物质。在母体内，即使羊水、胎粪等异物进入胎宝宝肺部也没什么大碍，但胎宝宝娩出母体后，嘴、气管、食道等处的羊水或异物会妨碍宝宝呼吸，这种情况下，应当由医护人员将宝宝身上的异物清理干净，并将宝宝肺部的异物吸出，当宝宝自己呼吸后仍然要继续进行。新爸爸妈妈要注意放低宝宝头部，持续观察几个小时，确保异物全部清除干净。

育儿小百科

宝宝从母亲子宫内娩出到外界生活，由于这段时期宝宝各个脏器功能的发育尚未成熟，免疫功能低下，体温调节功能较差，因而易被感染，所以护理宝宝必须细心、科学、合理。

宝宝脐带剪断后的处理

宝宝娩出母体后，首先要将脐带剪断。将母体一侧的脐带和宝宝留长的脐带分别结扎，并在中间处剪断，留长的脐带可在以后的处理中剪短。剪断后用塑料夹夹起，并进行消毒，然后用脱脂棉包好。刚剪下的脐带富有弹性，呈现白色，几天后会变干、变黑，一周后会自行脱落。脐带剪断后要涂上消炎药以预防感染。

给宝宝眼部消毒

大部分宝宝都是闭着眼睛来到这个世界的。其实，只要将他们眼皮上的异物清除干净，宝宝就会慢慢睁开眼睛看这个世界了。新生儿出生经产道时，细菌有可能污染眼睛，所以要及时滴眼药水。进行眼部清洁时，应用消毒棉球、洁净水从眼内向外轻轻地擦拭。前几次由护士完成，之后父母要学着亲自操作。

学会观察宝宝

新生儿时期，宝宝会有一些特殊而又正常的生理现象，而这些往往会引起年轻父母的焦虑和恐慌，以至于抱着宝宝到处求医，造成不必要的麻烦，这对出生的宝宝也不利。因此父母必须要事前了解这些情况，做到心中有数，从容应对，让宝宝健康成长。

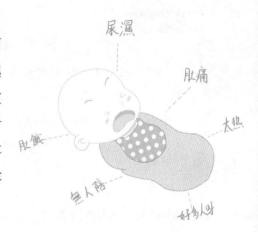

宝宝易发生乳房肿大

男女足月宝宝均有可能发生乳房肿大。乳房肿大通常在宝宝出生后3～5天出现，如蚕豆到鸽蛋般大小，这是由母亲的孕酮和催乳素经胎盘至胎宝宝，出生后母体雌激素影响中断所致。足月宝宝的乳房肿大多于2～3周后自行消退，无须处理，更不能用手强烈挤压，否则可能导致继发感染。

宝宝会出现脱皮现象

宝宝出生后就意味着其要从浸在羊水中的湿润环境进入干燥环境。由于新生儿新陈代谢旺盛，表皮与真皮之间的组织不够紧密，腕关节、踝关节等皱褶部以及躯干部表皮角化层会产生皮屑，在出生2～3天后可能出现脱皮现象。

宝宝的口腔两侧加厚

新生儿口腔两侧颊黏膜会隆起，形成两个较厚的脂肪垫，人们常称为"螳螂嘴"，因个体差异，有的新生儿表现得更为明显。这是新生儿正常的生理现象，因为在宝宝吮吸奶水时，口腔黏膜下脂肪组织的隆起会使口腔内的负压增大，以帮助宝宝有力地吮吸。随着吮吸期的结束，"螳螂嘴"也会慢慢地消退。

♥ 专家指导

"螳螂嘴"是新生儿正常的生理现象

有些新生儿口腔的两侧颊部都有一个较厚的脂肪垫隆起，老百姓俗称"螳螂嘴"。有人认为"螳螂嘴"妨碍婴儿吃奶，要将它挑掉。其实，这样做是不科学的，脂肪垫属于新生儿正常的生理现象，不仅不会影响到宝宝吸奶，反而有助于宝宝吸吮。

啼哭是宝宝的语言

啼哭是新生儿的语言。健康的啼哭抑扬顿挫，不刺耳，声音响亮，节奏感强，常常无泪液流出，平均每日4～5次，每次时间较短，不影响宝宝饮食、睡眠和玩耍。宝宝啼哭时，大人用同样的声音回应，他就会停一下，先听听是谁的声音，然后自己再继续啼哭，但这已经不是真的啼哭了，只是用同样的口形发出声音而已。

用爱心养育宝宝

伴随着宝宝呱呱坠地，如何科学育儿就成了生活中的头等大事。年轻的妈妈由于缺乏养育经验，往往在宝宝的喂养和护理等问题上存在一定的误区。其实，妈妈应该用爱心和细心来寻找适合宝宝的最佳养育方案，这样才能培养出聪明、健康的宝宝。

母乳喂养

母乳营养成分好，含有适合婴儿生长发育需要的各类营养元素，而且随着婴儿月龄的增长，母乳成分也会随之改变而与婴儿的需要相适合。母乳中所含的蛋白质和脂肪，质量好，利用率高，容易被婴儿消化和吸收，而牛奶中所含的蛋白质成分则不易被婴儿吸收。近年来母乳喂养的优势已为越来越多的人所认识。

营养丰富的母乳

母乳是婴儿最理想的天然食品。"民以食为天"，是说人类对食物的依赖。例如，五谷、杂粮、烤鸭、炖肉都有相当高的营养价值，但是对于初生不久的婴儿来说，这些都是不能食用的，他们只能从乳类食品中得到营养。而母乳有任何乳类都无可比拟的优点，含有婴幼儿所需要的全部营养素。母乳中蛋白质、脂肪、乳糖、矿物质、维生素和水分等主要成分的比例，最适合宝宝身体的需要，最易于宝宝消化和吸收，并能促进宝宝良好的食欲，利于宝宝的生长发育。母乳中的不饱和脂肪酸含量较高且颗粒小，易于消化，且对宝宝大脑的发育非常重要。

母乳能提高宝宝的免疫力

母乳中含有母亲体内产生的抗体，进入宝宝体内后，有助于提高宝宝的免疫能力，减少患病机会。母乳中来自母体的细胞，其中约80%是巨噬细胞，这些细胞能够杀死细菌、真菌和病毒。而且，母亲体内的抗体正好是针对居住环境中存在的病原，带有这些抗体的母乳就像是为宝宝抵御环境中病原的侵害而专门定制的。

🌸 母乳可减少污染

母乳喂养的宝宝消化道中存在着大量可以防止有害细菌繁殖的双歧杆菌、乳酸杆菌等有益细菌。直接来自乳房的母乳几乎是无污染的，而用奶瓶则易被细菌污染而导致宝宝患病。

🌸 早开奶利于母子健康

母亲第一次给宝宝喂奶叫"开奶"。在过去很长一段时间里，人们大多认为母亲产后非常疲劳，需要休息一段时间，所以应在宝宝出生后6～12小时再开始喂奶，好像这样才有利于母亲。其实早一点开奶反而更加有利于母子的健康。所以应尽早让宝宝吮吸母亲的乳头。新生儿强有力的吸吮其实是对乳房最好的刺激，而且喂奶越早越勤，乳汁就分泌得越多。新生儿出生后的第1个小时是敏感期，而且出生后的20～30分钟内，宝宝的吸吮反射最强，因此母乳喂养应该在产后1小时内即开奶，最晚也不要超过6小时。

🌸 正确的哺乳姿势

每次把宝宝放到乳房附近时，应力图将乳头正确地放入宝宝的口内，这样做有如下好处。第一，只有宝宝将大部分乳晕含在口内时，才能顺利地从乳房吸吮出乳汁。宝宝以吸和啜两种活动方式从乳晕周围形成一个密封环，所以只有当宝宝对乳晕后方的输乳管施加压力时，乳汁才能顺利地流出来。第二，如果乳头能够正确地放入宝宝的口腔内，那么，乳头酸痛或皲裂就可以减少至最低限度。

❀ 防止宝宝溢奶的方法

　　新生儿经常发生溢奶，这是由于下食管、胃底肌发育差，胃容量较少，且呈水平位，所以容易出现溢奶。要防止溢奶，妈妈应于喂奶后将宝宝竖直抱起，并轻轻拍打其背部，使宝宝打个嗝，把吃奶时吸进胃里的空气排出来，以防止溢奶。假如溢奶不严重，而且宝宝体重在增加，又未发现其他不良现象，就不必紧张。随着胃容量的逐渐增大，宝宝在出生后3～4个月溢奶就会自行停止。

❀ 每天的哺乳次数

　　新生儿出生后1～2周内，吃奶次数会比较多，有的一天可达10余次，即使是在后半夜，吃得也比较频繁。到了3～4周时，吃奶次数会明显下降，每天也就7～8次，后半夜往往会一觉睡到天亮，甚至五六个小时不吃奶。

❀ 观察宝宝是否吃饱

　　对于宝宝是否吃饱，妈妈可以从以下几个方面来观察。如果宝宝尚未吃饱，则不到下次吃奶时间就开始哭闹；在哺乳后用奶头触动宝宝口角时，如果宝宝追寻奶头索食，吃时又更快更多，说明妈妈奶量不足，宝宝没有吃饱；由于饥饿，可造成宝宝肠蠕动加快，大便次数增多，且便质不正常；长时间能量不足，可能影响宝宝发育，而出现体重不增加的状况。

♥ 专家指导

怎样使新生儿吸到乳头

　　新生儿由于饥饿张开嘴巴时，应把乳头塞进新生儿的口腔中，把乳头放在其上腭的下面和舌的上面，用这样的方法使新生儿吸到母亲的乳头是有效的。

❀ 注意夜间喂奶时的安全

妈妈由于产后疲乏，加上白天不断地给宝宝喂奶、换尿布，到了夜里就会非常瞌睡。夜间遇到宝宝哭闹，妈妈会觉得很烦，有时把奶头往宝宝的嘴里一塞，宝宝吃到奶也就不哭了，妈妈可能又睡着了，这是十分危险的。因为含着奶头睡觉，既影响宝宝睡眠，也不易养成良好的吃奶习惯，妈妈还容易出现乳头皲裂。更重要的是，宝宝吃奶时与妈妈靠得很近，熟睡的妈妈即便是乳房压住了宝宝的鼻孔也不知道，这样很容易导致窒息的悲剧发生。所以，为避免这种事情的发生，妈妈夜间喂奶时最好能坐起。

❀ 保持乳房清洁

哺乳期女性要经常给宝宝喂奶，为了让宝宝能吃到干净健康的乳汁，乳房的清洁是必不可少的。乳头要始终保持清洁与畅通，因此，每次喂奶前，妈妈要记得洗手以预防感染。喂奶前，可用干净的温湿毛巾把乳头擦干净，最好准备一块专门为擦乳头用的小毛巾，不要与其他毛巾混用。另外，妈妈应经常洗澡，勤换内衣，保持乳房的清洁卫生。哺乳结束后，妈妈要用温清水将乳头擦拭干净。切忌

使用香皂和酒精之类的化学用品来擦洗乳头，否则会因乳房局部防御能力下降，乳头皲裂而导致细菌感染。过多使用香皂等清洁物质清洗可碱化乳房局部皮肤，而乳房局部皮肤要重新覆盖上保护层并要恢复其酸性环境则需要花费一定的时间。如果迫不得已需要用香皂、酒精来清洗、消毒，则必须注意尽快用清水冲洗。

❀ 掌握哺乳的技巧

·妈妈在哺乳前应该清洗双手，并保持乳头清洁。这样不但可以防止宝宝患肠胃疾病，还可以防止乳头破裂或引起乳腺炎。

·哺乳时应将乳房托起，把乳头和乳晕一起放入宝宝口中，这时在宝宝上唇外面可以看到部分乳晕，下唇外部看不到乳晕。宝宝会缓慢而有力地吸吮，可看到宝宝的吞咽动作，并听到吞咽的响声。

·大部分妈妈在哺乳时，往往用食指和中指将乳头夹住喂，这样对出奶不利。应该把手张开，从下往上把乳房托起来并握住整个乳房，拇指从上往下指，其他手指在下面托着乳房。

·一般在宝宝贴紧妈妈并张开嘴时，妈妈就要马上把乳头塞在宝宝嘴里，宝宝就会吮得好，但小心别堵住宝宝的鼻子。每次喂奶10～20分钟，两侧乳房轮流喂，吃空一侧乳房后再换另一侧。

育儿小百科

如果母乳确实不够宝宝吃，就需要对宝宝采取混合喂养的方法，以保证宝宝健康成长。

❀ 哺乳时间不宜过长

母乳喂养提倡按需哺乳，不规定哺乳时间和次数。每次哺乳时间为10～20分钟，时间过长会增加乳头的浸软程度，而易发生皲裂。每次哺乳最好完全吸空，以使下次泌乳量增加。

❀ 确保母乳量

哺乳期如遇奶水不足，妈妈要每天用热毛巾敷乳房，同时进行顺时针的按摩，以刺激乳汁的分泌，并起到通乳作用。另外，还要加强母体营养，多喝汤汁，如排骨汤、鲫鱼汤、鸡汤等。

 人工喂养

妈妈患有疾病或其他原因不能喂母乳，而全部用其他奶类或代乳品喂养，称为人工喂养。目前有多种配方奶粉，分别适用于不同月龄的宝宝。

🌸 不宜母乳喂养的情况

与母乳喂养相比，人工喂养有很多的弊端，但对于一些特殊妈妈来说，却又不得不采取这样的方式进行喂养，那么，什么情况下不宜母乳喂养呢？

💗 婴儿患有半乳糖血症

这种有先天性半乳糖症缺陷的宝宝，在进食含有乳糖的母乳、牛乳后，可引起半乳糖代谢异常，引起宝宝神经系统疾病和智力低下，并伴有白内障，肝、肾功能损害等。所以在新生儿期凡是喂奶后出现严重呕吐、腹泻、黄疸、神萎、肝脾大等症状的，应高度怀疑患本病的可能，经检查后明确诊断者，应立即停止母乳及奶制品喂养。

💗 妈妈患慢性病需长期用药

癫痫需用药物控制者、甲状腺功能亢进尚在用药物治疗者、正在抗癌治疗期间的肿瘤患者等，这些药物均可进入乳汁中，对宝宝不利。

💗 妈妈处于细菌或病毒急性感染期

妈妈乳汁内含致病的细菌或病毒，会通过乳汁传给宝宝。由于感染期妈妈常需应用药物，而大多数药物都可从乳汁中排出，均对宝宝有不良后果，故应暂时中断哺乳，以配方奶代替，同时，应定时用吸乳器吸出母乳以防回奶，待妈妈病愈停药后方可继续哺乳。

乳类产品的选择

人工喂养选择什么样的乳类产品好呢？人工喂养的宝宝食品可以分为两大类：第一类是动物乳及乳制品；第二类是以黄豆为主要原料的代乳品。一般说来，应优先选择动物乳及乳制品，如果在偏远的地区或由于各种原因一时无法得到动物乳及乳制品，可以选择豆制代乳品。

牛奶是人工喂养的首选

鲜牛奶是人工喂养的首选食品，这是由于牛奶是动物奶中营养素含量比较丰富的奶类。但其也有一定的弊端，与人乳相比，牛奶中蛋白质含量较高，但以酪蛋白为主，较难消化；并且牛奶中的各种微量元素及维生素比例不如人乳合理等。但将牛奶加工以后，可以克服难以消化和一些物质比例不合理等缺点，对于人工喂养的宝宝来讲仍然是较好的食品。

选择配方奶粉

奶粉是将鲜牛奶进行浓缩、喷雾、干燥后制作而成，具有便于保存运输、使用方便等优点。现在有不少生产厂家对牛奶粉进行改造，尽量使各种营养成分更接近于人奶，从这点来讲，配方奶粉优于一般奶粉或牛奶。而且优质的奶粉与母乳在营养成分上没有太大的差异。

蒸发乳的食用方法

蒸发乳是将鲜牛奶蒸发浓缩为原乳汁容量的一半，经高温消毒、装罐密封，非常便于保存。食用时加一半水即又可成为鲜奶。

鲜羊奶喂养不可取

有的山区或牧区可以得到鲜羊奶，用鲜羊奶喂养宝宝是不可行的。虽然羊奶中的蛋白质和脂肪均较牛奶多，而且脂肪较易于消化，但羊奶中维生素B_{12}和叶酸较少，如不合理补充则容易发生巨幼红细胞贫血，所以，用鲜羊奶喂养是不可取的。

掌握喂奶量的计算方法

世界卫生组织要求，新生儿从出生到10个月，应当100%母乳喂养。鉴于少数患病妈妈不宜哺乳，仍需要人工喂养，那么，就必须掌握科学的喂奶量。人工喂养宝宝每天喂养的需要量与母乳近似。喂养量的计算方法：

体重大于或等于2.5千克的宝宝，每天每千克体重需要150毫升奶，按照实际月龄喂6～8次，每次喂奶量可以不固定，以下供参考。

·出生～1个月：8次，60毫升/次，480毫升/天；

·1～2个月：7次，90毫升/次，630毫升/天；

·2～4个月：6次，120毫升/次，720毫升/天；

·4～6个月：6次，150毫升/次，900毫升/天。

体重小于2.5千克的宝宝，从每天每千克体重60毫升开始；以后逐渐按照每天每千克体重20毫升的量增加，直到总量达到每天每千克体重200毫升；每天喂8～12次，每2～3小时喂1次，继续喂养直至宝宝体重达到或超过2.5千克。

当然，妈妈还应根据宝宝的体质、胃口以及消化吸收能力来调整喂奶量。

准确调配奶粉的浓度

奶粉和水的比例按容量1：4或按重量1：7稀释即可食用，也可以按照包装上的说明方法调制。需要注意的是，奶粉的浓度不能过浓，也不能过稀。过浓会使宝宝消化不良，大便中会带有奶瓣；过稀则会使宝宝营养不良。

♥ 专家指导

测试奶粉温度

父母在给宝宝冲调奶粉时，可将配好的奶液滴在自己的手背或手腕内侧，感觉一下温度，不烫也不凉，这就是最佳温度了，喂给宝宝吃非常合适。

冲调奶粉的水温

冲调奶粉的水温一般以40～55℃为宜，妈妈在喂奶前需先试温，试温方法为倒几滴奶于手背或手腕内侧即可，切忌由成人直接吸奶嘴尝试，这样会导致成人口腔内的细菌污染奶嘴，从而影响宝宝的健康。

根据情况调节喂奶量

随着宝宝逐渐地长大，所需的奶量也逐渐增加。如果宝宝吃得少，下次就多喂一些，或下次提前喂奶，特别是在宝宝表现饥饿时。人工喂养的宝宝一般都能控制自己吃入的奶量，当吃饱时会拒绝继续吃奶。如果宝宝体重增长不足，则需要根据期望的体重，增加喂养次数，或增加每次奶量。人工喂养的量应根据宝宝的实际情况来决定。

夜间喂奶的方法

晚上睡前的一次奶，务必让宝宝吃饱，以免晚上多次醒来要吃奶。一般5个月以后夜间就不再喂乳。宝宝夜间睡眠有动静时，如哼哼、哭闹、辗转不安、爬起来玩等，要分析原因，有针对性地处理，不要轻易就给喂奶，或抱起来哄，以免养成不好的习惯。

🌸 人工喂养的宝宝应适量补充水分

母乳中水分充足，因此，吃母乳的宝宝在6个月以前一般不必单独喂水，而人工喂养的宝宝则必须在两顿奶之间补喂适量的水，这样做一方面可以促进宝宝的消化吸收，另一方面还可保持宝宝大便的通畅，防止消化功能紊乱。吃奶粉的宝宝出现便秘的情况较多，老人会说这是吃奶粉或牛奶的宝宝"火"大，得多喂水，这是有道理的。

🌸 正确使用奶瓶

喂奶时，要倾斜奶瓶以便使瓶颈充满奶水，使宝宝不会吸入太多空气。奶水要能从奶嘴迅速滴出，但不可像一道水流流出。如果奶嘴孔太小，可用消过毒的针头使它扩大；如果洞孔太大，应更换奶嘴，因为喂得太快，是引起宝宝肠绞痛的常见原因。喂奶过程中要偶尔将奶瓶拿开让宝宝休息。宝宝通常在10～15分钟内将奶吃完。设法不要让他的手指接触到奶嘴，也不要让他单独和奶瓶在一起。

🌸 对奶具进行消毒

新生儿的抵抗力很弱，很容易受到细菌感染。因此，每一次人工喂养前都需要认真地对器具进行消毒。具体消毒步骤是：喂奶后立即清洗奶瓶和奶嘴；将奶瓶等用具放在盛有适量水的消毒锅里煮5～6分钟，用蒸煮器消毒需10分钟，奶嘴的消毒有3分钟就行。器具消毒后用专用器具夹将奶嘴等器具放在专用的奶瓶干燥架子上，以备再次使用。

混合喂养

现在的妈妈大多是上班族，生活节奏快，精神压力大，工作任务重，生育年龄偏大，乳量偏少，难以满足宝宝的需要，因此，混合喂养成了更多妈妈的选择。所谓混合喂养，就是母乳喂养与人工喂养同时进行。

混合喂养的种类

混合喂养可分为补授法和代授法两种，其中补授法适合母乳量不足时，即在每次喂哺母乳后，用其他代乳品补充母乳不足的部分；代授法适合母乳充足而因某些原因不能哺乳时，即在喂哺母乳之间，一天加喂数次代乳品。

每次只喂一种奶

妈妈要特别注意，混合喂养的宝宝，每次吃母乳就吃母乳，吃配方奶粉就吃奶粉。不要先吃母乳，不够了，再调奶粉给宝宝吃。这样不利于宝宝消化，容易使宝宝对乳头产生错觉，可能引发厌食奶粉，拒吃奶瓶的现象。

母乳越吸越多

母乳是越吸越多的，如果妈妈认为母乳不足，而减少喂母乳的次数，就会使母乳越来越少。母乳喂养次数要均匀分开，不要很长一段时间都不喂母乳。喂哺母乳的次数每天不得少于3~4次。

育儿小百科

宝宝吃奶的量和时间不必过于拘泥，有的宝宝每次吃奶量多，可能每天吃奶的次数就会少一些；有的宝宝每次吃奶量少，那么每天吃奶的次数就会多一些。所以，只要宝宝体重正常增长，大便正常，情绪良好，就不必为宝宝担心。

夜间以母乳喂养为主

夜间妈妈比较累，尤其是后半夜，起床给宝宝冲奶粉很麻烦；另外，夜间妈妈休息，乳汁分泌量相对增多，宝宝的需要量又相对减少，母乳可能会满足宝宝的需要。但如果母乳量确实太少，宝宝吃不饱，就会缩短吃奶时间，影响母子休息，这时就要以奶粉为主了。

调配奶粉要合理

严格按照奶粉包装上的说明为宝宝调制奶液，不要随意增减量与浓度；每次调奶粉时，不要调得太多，尽量不让宝宝吃搁置时间过长的奶粉；冲调奶粉后的温度与人体的温度差不多，一般在36℃左右即可。喂哺代乳品时少加糖，不要太甜。因为吃惯了有甜味的代乳品，就会觉得母乳淡而无味。

宝宝吃饱后不要马上睡觉

许多妈妈给宝宝哺饱后会立即让其躺下，不去注意宝宝睡觉的姿势，致使出现溢奶现象，甚至发生窒息，所以睡觉的姿势很重要。妈妈应注意，在给宝宝哺乳后，应先将宝宝抱起趴在妈妈肩部，并轻轻拍打宝宝背部，促使吃奶时吸进胃里的空气排出来。然后再慢慢地让他睡下，睡的姿势以右侧卧位为好。右侧卧位时胃的贲门口位置较高，幽门口的位置在下方，乳汁较容易通过胃的幽门进入小肠。持续右侧卧位约半小时，注意不要晃动宝宝，这样可以防止溢奶。

第二章

0~1个月：平安度过关键期

　　宝宝从出生到1个月，动作发育处于活跃阶段，特别是面部表情逐渐丰富。与母体内完全不同的外部世界，对宝宝来说是异常陌生的，这时的宝宝除了呼吸、睡觉和吃饭外，基本什么都不能干，生命异常娇嫩，这就需要为人父母者站在人生的出发点上，为宝宝设置坚实的保护屏障。

本月身体发育特点

新生儿期是指宝宝从出生起到满28天为止这段时期，这一时期的宝宝脱离母体来到一个崭新而陌生的世界，那么，在这段时间内，宝宝的身体发育是否正常呢？我们可以通过一些标准来衡量。

新生儿的体温

新生儿的正常体温应在36～37℃，但新生儿的体温中枢功能尚不完善，体温不易稳定，受外界温度、环境的影响，体温变化较大。新生儿的皮下脂肪较薄，体表面积相对较大，容易散热，因此要注意宝宝的保暖。

新生儿的排便

新生儿一般在出生后12小时开始排便，胎便呈深绿色、黑绿色或黑色黏稠糊状，这是宝宝在母体子宫内吞入羊水中胎毛、胎脂、肠道分泌物而形成的大便。3～4天后胎便可排尽。吃奶之后，大便逐渐转成黄色。喂牛奶的宝宝大便呈淡黄色或土灰色，常有便秘现象。而母乳喂养的宝宝多为金黄色的糊状便，次数不一，每天1～4次甚至更多些。有的宝宝则相反，经常2～3天才排便1次，但并不干结，仍呈软便或糊状便，这也是母乳喂养的宝宝常有的现象，俗称"攒肚"。

新生儿的排尿

新生儿第一天的尿量很少，10～30毫升，在出生后36小时之内排尿都属正常。随着哺乳摄入水分，宝宝的尿量逐渐增加，每天可达10次以上，日尿总量可达100～300毫升。宝宝尿的次数多，这是正常现象，不要因为宝宝尿多，就减少给水量。

身高

新生儿出生时男宝宝平均身高约为50.5厘米，女宝宝约为49.9厘米。身高是反映骨骼发育的一个重要指标，其中头部占身长的1/4。

体重

新生儿出生时男宝宝平均体重约为3.3千克，女宝宝约为3.2千克。体重是反映生长发育的重要指标，是判断宝宝营养状况、计算药量、补充液体的重要依据。在新生儿出生后3~5天内，体重会下降3%~9%。出现这种情况的原因是宝宝出生后要排泄粪便和小便，还会呕吐一些出生过程中吸入的羊水。一般只要哺乳得当，3~4天后体重就会开始回升，通常7~10天后即可逐渐恢复到出生时的体重。

头围

出生时男宝宝头围平均约为33.9厘米，女宝宝约为33.5厘米。从新生儿枕后结节经眉间绕头一周的长度即为头围。

囟门

胎宝宝在分娩的过程中，由于受产道的挤压，出生后在顶枕部可见有突起的产瘤，有的还见骨缝重叠，若这些变化不是过于明显，都属于正常的现象。生后骨缝重叠现象会逐步消失，并在额骨和顶骨之间见到一类似菱形的前囟。新生儿的前囟的大小因人而异，相对应的两边中点连线的距离一般在2.0厘米，后囟一般较小。

♥ 专家指导

囟门异常的表现

如果前囟和后囟过大，骨缝较宽，且有不断见长的趋势，加之头围也较正常值大时，应考虑到是否存在先天性脑积水，并尽快到医院确诊。

🌸 眼睛会追随玩具

新生儿一出生就有视觉能力，父母和宝宝对视是表达爱的重要方式。父母可以试着让宝宝看自己的脸，因为宝宝的视焦距调节能力差，最好距离是19厘米。可以在20厘米处放一个红色圆形玩具，然后移动玩具上下、左右摆动，宝宝会慢慢移动头和眼睛追随玩具。

🌸 能听到10厘米处的响声

新生儿的听觉是比较敏感的，在宝宝睡醒状态下，距其耳边10厘米处轻轻摇动有响声的小玩具，宝宝的头会转向发出响声的方向。宝宝喜欢听妈妈的声音，不喜欢听过响的声音和噪声，如果听到过响的声音或噪声，宝宝的头会转到相反的方向，甚至用哭声来抗议这种干扰。

🌸 有触觉感受能力

宝宝在母胎中生命的一开始就已有触觉，对不同的温度、湿度、物体的质地和疼痛都有触觉感受能力，嘴唇和手是触觉最灵敏的部位。当宝宝哭时，被父母抱起并轻轻拍打的这一过程充分体现了满足新生儿触觉安慰的需要。

育儿小百科

妈妈可在喂奶、给宝宝洗澡、换尿布时，轻柔地抚摸一下宝宝的皮肤，尤其是面颊、手心等。通过抚摸既增加了母子感情，又加强了宝宝皮肤感觉的训练。

🌸 喜欢甜的味道

新生儿有良好的味觉，从出生后就能精细地辨别食品的滋味，给出生只有1天的宝宝喝不同浓度的糖水，发现他们对比较甜的糖水吸吮力强，吸吮快，所以喝得多；而比较淡的糖水则喝得少；对咸的、酸的或苦的液体有不愉快的表情，如喝酸橘子水时皱起眉头。

科学的营养饮食

新生儿的健康发育离不开合理的饮食与营养，对于新生儿来说，母乳是最好的饮食。在喂养的过程中，爸爸妈妈还要注意正确的喂养方法。

需要适量补充水

牛奶中的蛋白质80%以上是酪蛋白，分子量大，不易消化，牛奶中的乳糖含量较人乳少，这些都是容易导致便秘的原因，所以，适当地给宝宝补充水分有利于缓解便秘。另外，牛奶中含钙磷等矿物盐较多，大约是人乳的2倍，过多的矿物盐和蛋白质的代谢产物从肾脏排出体外，需要水。此外，婴儿期是身体生长最迅速的时期，组织细胞增长时要蓄积水分。婴儿期也是体内新陈代谢旺盛阶段，排出废物较多，而肾脏的浓缩能力差，所以尿量和排泄次数都多，需要的水分也多。宝宝因为肾脏功能还没有发育完全，如果体内水分不够，尿液过浓，就可能无法排出。所以，为了把废物排出，就需要更多的水分补充。

不要强迫宝宝喝水

给宝宝适当地补充水分要根据宝宝的年龄、气候及饮食等情况而定。一般情况下，每次可给宝宝喂水100～150毫升。当高热、大汗、呕吐、腹泻等引起失水时，所有的宝宝都要补充水分，最好用淡盐开水，以防脱水或发生电解质紊乱。宝宝之间存在个体差异，喝水量每个宝宝都不一样，他们知道自己喝多少，不喜欢喝水或喝得少都不要强迫。

❤ 把握喂水时间

喂水时间在两次喂奶之间较合适，否则会影响吃奶量。喂水次数也要根据宝宝的需要来决定，一次或数次不等。注意夜间最好不要喂水，以免影响宝宝的睡眠。另外，宝宝喝白开水为宜，尽量不要加糖。

❤ 热量的需求

以单位体重表示，正常新生儿每天所需要的能量是成人的3～4倍。热量的需要在宝宝初生时达到最高点，以后随月龄的增加而逐渐减少。

❤ 蛋白质的需求

蛋白质的主要功能是维持宝宝的正常新陈代谢，保证身体的生长及各种组织器官的成熟。所以喂养宝宝时最好还是选用动物性蛋白为好，如母乳或牛乳。

❤ 专家指导

**营养素的摄入量
不足会影响宝宝发育**

宝宝每日对营养素的需求量与成人不同，宝宝越小，对营养素的需求量相对越高。并且宝宝的适应能力差，如果某种营养素的摄入量不足或消化功能紊乱，短时间内会影响到宝宝的发育进程。

❤ 脂肪的需求

脂肪是膳食的必需组成部分，是热量的主要来源，也是必需脂肪酸的来源和脂溶性维生素的载体。同必需氨基酸一样，必需脂肪酸也是人类生长发育中所必需的，而且是只能从食物中摄取的一类脂肪酸。

❤ 碳水化合物的需求

碳水化合物是最丰富、最经济的能量来源，其主要来源是糖类和淀粉。对新生宝宝来说，乳糖、葡萄糖、蔗糖都能消化，因此对母乳中所含的乳糖能很好地消化和吸收，以满足自身对碳水化合物的需求。

🌸 矿物质的需求

4个月以前的宝宝应限制钠的摄入。缺铁是宝宝最常见的营养缺乏症。尽管母乳的含铁量低于大多数配方食品，但母乳喂养的宝宝铁缺乏症却较少见，为了预防铁缺乏，应给用配方乳喂养的宝宝常规的铁剂补充。

🌸 维生素的需求

维生素是正常人体生命活动必须具备的要素，此类物质绝大多数不能在体内合成。维生素不能提供热量，但在代谢过程中起重要作用。由于婴幼儿生长发育较快，维生素需要相对成人较多，如果供给不足，容易发生维生素缺乏病。所以，这一时期宝宝千万不可缺少对维生素的补充。维生素D是宝宝骨骼发育时对钙吸收不可缺少的元素，其除了可以来源于母乳外，还可以通过日照来补充。

🌸 早产儿宜母乳喂养

早产儿是指胎龄未满37周，体重小于2.5千克，身长少于46厘米的宝宝。这种新生儿中枢神经系统发育不完全，以致吸吮、吞咽等动作不能顺利进行，而且胃容量小，胃肠发育差，胃壁薄弱，贲门括约肌发育差，常常容易产生溢奶和呕吐。因为早产儿生理功能发育不是很完善，所以要尽一切可能用母乳喂养，特别是初乳喂养。母乳内蛋白质含乳白蛋白较多，它的氨基酸易于促进宝宝生长，且初乳含有多种抗体，这些对早产儿尤为可贵。用母乳喂养的早产儿，发生消化不良性腹泻和其他感染的机会较少，宝宝体重会逐渐增加。在万不得已的情况下再考虑用代乳品喂养早产儿。

❀ 早产儿的喂养方法

由于早产儿口舌肌肉力量弱、消化能力差、胃容量小，而每日所需能量又比较多，因此，可采用少量多餐的喂养方法。如果采用人工喂养，一般体重1500～2000克的早产儿一天喂哺12次，每2小时喂1次。2000～2500克体重的早产儿每天喂8次，每3小时喂1次。每日的喂奶量因宝宝的个体差异而差别较大，新生儿期每次可喂奶10～60毫升不等。另外，如果早产儿没有自行吸吮能力，可用滴管喂养法，采用滴管喂早产儿母乳或牛奶。

❀ 观察早产儿的体重情况

早产儿的吸吮能力和胃容量均有限，摄入量足够与否，不像足月新生儿表现得那么明显，因此必须根据宝宝的体重情况给予适当的喂养。母乳喂养的早产宝宝应该经常称称体重，观察早产儿体重的增加情况，这是判断喂养是否合理的重要指标。

❀ 吸吮困难宝宝的喂养

一般来说，刚生下来的宝宝有的会吃奶，有的不会吃奶或出现吸吮有困难的现象，但在几天内都会适应。若确有吸吮困难者，可以先将母乳挤出，然后用小匙慢慢喂。如果妈妈乳头短而平，宝宝无法吃到奶，这时妈妈应在每次喂奶前把乳头向外提伸到宝宝能吸吮的长度，塞入宝宝嘴内，并坚持每天向外拉，逐渐使乳头外突。也可用吸奶器吸乳，这样既可使乳头外突，又可使乳汁外流，然后再用小匙喂宝宝。

唇腭裂宝宝的喂养

唇腭裂的新生儿因吸吮时口腔内负压不够，吸吮力不强，有时乳汁会误入气道或鼻腔，甚至发生窒息。所以，喂养这种宝宝时应让新生儿垂直坐在妈妈的大腿上，妈妈可用手挤压乳房促进喷乳反射。妈妈也可用手指压住唇裂处，增加新生儿的吸吮力。由于唇腭裂新生儿吸吮力的低下，每次吃进的乳汁可能相对较少，故妈妈在每次哺乳后应用手挤空乳房中的乳汁，然后再用小勺子或滴管喂给新生儿吃，使得新生儿能健康地成长。

双胞胎宝宝的喂养

双胞胎宝宝应争取母乳喂养，因此，妈妈要有足够的营养，并保证充分的休息。大多数妈妈都有足够的母乳喂哺双胞胎宝宝，两个宝宝的吸吮，会促使乳汁分泌得更多。给双胞胎宝宝喂奶，一般先给一个宝宝喂奶，然后再给另一个宝宝喂奶；两个宝宝最好能交替轮流地吸吮两侧乳房，这样使两个乳房都得到很好的吸吮刺激，从而分泌更多的乳汁。如果乳汁不足，应采用混合喂养，也应先保证体质较弱的那个宝宝能得到母乳喂养。如果没有乳汁，只好采用人工喂养。要掌握好奶液浓度，不可太浓，也不可太稀，且要按需喂哺。

育儿小百科

对于一些特殊宝宝来说，由于各种不同的原因，而不能像正常宝宝那样进行常规的喂养，这就需要父母更加细心地呵护与特殊喂养，以保证他们能够健康成长。

生理性厌奶莫紧张

有时宝宝会出现厌食现象。其特征是宝宝正常发育，活力很好，只是吃奶量暂时减少，通常1个月左右就自然恢复食欲。这个阶段的宝宝虽然吃得少，大多仍能维持应有的成长，另外，并没有证据显示会影响到宝宝的智能发展。所以父母可依生长曲线图，评估宝宝的生长情形，若没有偏离成长曲线，大可顺其自然。

专家指导

生理性厌奶是宝宝生理过渡阶段

生理性厌奶期是因宝宝生理发展所导致的过渡阶段，通常经过一段时间及随着宝宝运动量的增加，消耗增多，宝宝的食欲会逐渐好转。

警惕病理性厌奶

一般来说，会造成宝宝食欲减低的疾病有急性咽喉炎、鹅口疮、急性呼吸道感染、急性肠胃炎或尿路感染等急性感染；其他还有代谢性疾病、先天性心脏病等慢性疾病；或患有更严重的败血症等疾病。宝宝出现烦躁不安、昏昏欲睡、不爱活动、呼吸急促或喘息、体温可能发烧也可能反而低于正常、奶量锐减或呕吐、腹胀等属于病理性厌奶，需要即刻送医，请医生诊断。

焦虑会影响乳汁泌出

新妈妈成功下奶需要3～7天的时间。在这期间，新妈妈要保持心情舒畅，因为焦虑会妨碍乳汁的泌出。所以尽量放松心情，保持愉快。很多新妈妈在听到宝宝哭声时，会误认为是因为自己没有奶，便沉不住气地给宝宝添加奶粉，随即母乳喂养以失败告终。因此，母乳妈妈需要坚定的自信和持久的耐心，应当知道乳汁分泌不仅仅是生理过程，心理状态也会影响乳汁是否能够顺利产出。

精心的日常呵护

新生儿的日常呵护一定要仔细、周到，还要注意安全，主要包括睡眠习惯的养成，穿衣、脱衣的正确方法，换尿布的方法等。这些虽然看似都是小事，但对于宝宝来说，这就是他一天非常重要的活动，从中可以体现父母对他的爱护，所以一定要加以重视。

经常变换睡眠姿势

仰卧的睡觉姿势常被大多数爸爸妈妈所接受和喜欢，因为这种睡姿宝宝的头可以自由转动，呼吸也比较顺畅。但仰卧有两个缺点：一是头颅容易变形，几个月后宝宝的头枕后部可能会睡得扁扁的，这与长期仰卧睡有一定的关系；二是当宝宝吐奶时容易呛到气管内，影响呼吸，引起窒息。侧卧姿势与仰卧姿势相结合，最好经常变换睡眠姿势，可避免头颅变形。为提高宝宝颈部的力量，训练宝宝抬头，每天可以让宝宝俯卧呆一会儿，但时间不要太长，注意不要堵住鼻、口。几个月后，宝宝自己会翻身了，睡姿就再也不成问题了，宝宝都会找到自己最习惯、最舒适的姿势。

舒适的睡眠环境

为了使宝宝能在温暖和舒适的环境中睡觉，应把宝宝放在摇篮或婴儿床里，床的两边要有保护栏。睡眠环境的温度以24~25℃，湿度60%左右为宜。不要给宝宝穿得、盖得太厚。因为宝宝头部温度比体温低3℃左右。温度较高，会使宝宝烦躁不安，从而扰乱了正常的睡眠。夜间睡眠时光线不能太过强烈，尽量营造一个柔和而安静的环境。

注意睡眠的方位

宝宝的睡眠方位如果不科学，会给生长发育带来影响，如新生儿常会随着光或声音的刺激出现有意识地转动头部，使面部朝向富有刺激的一侧，久而久之，由于一侧胸锁乳突肌持续收缩，可能导致斜颈的发生。另外，如果新生儿睡眠时两侧光亮明暗不等，宝宝若经常向光线较亮的一侧注视可使眼球的运动肌肉出现劳累性麻痹，易发生麻痹性斜视；若为避开强光，或一侧眼睛眯起来，时间一长可能出现一侧眼睑下垂，或双侧瞳孔功能不协调，或出现弱视。因此，新生儿最正确的睡眠应是头或脚朝向光线较强的一侧，若室内经常有响声，头或足也应朝响声来源的方向，这样宝宝也就不会一直转向或避开光线、响声，从而避开了其所带来的危害。

睡眠是健康发育的基本保障

新生儿的睡眠时间一般为每天20个小时左右，并且他随时随地都可入睡。如果新生儿睡眠不安，一天睡不到16个小时，妈妈就要寻找影响其睡眠的原因。当宝宝还没有形成一个固定的晚上入睡时间，尽量不要在晚上带其外出。睡眠好的宝宝往往在醒觉时精神好、吸吮力强、长得也快。相反，如果宝宝因为种种原因睡眠不好，睡眠时间不足，宝宝的大脑得不到足够的休息，神经调节失灵，宝宝就会表现为食欲不佳，整日哭吵不安，醒的时候精神不好，抵抗力下降，生长发育减慢，对宝宝的健康很不利。所以宝宝的睡眠与营养一样重要，好的睡眠是宝宝健康发育的基本保障。

❀ 晚餐不宜过饱或过少

晚餐不要给宝宝吃得过饱或过少，以免使宝宝因胃肠不适或饥饿而影响到睡眠。另外，不要过分引逗宝宝，使宝宝睡前保持情绪稳定，防止疲劳和过度兴奋。宝宝的睡衣宜宽松肥大，入睡前应沐浴、如厕，使宝宝感觉到身体舒适与松弛。要养成宝宝规律的睡眠。此外，妈妈可以唱催眠曲或轻轻拍打宝宝等，都有助于宝宝轻松入眠。

❀ 调整睡眠时间

新生儿的全部睡眠时间是16~20小时，白天与晚间的睡眠时间基本相等。睡眠周期短，每次睡眠时间从30分钟到3小时不等，通常睡3~4小时，觉醒1~2小时。

母乳喂养的新生儿醒的次数一般较多，可能与心理需求有关。出生6周以后，睡眠模式开始更加规律。睡眠是大脑的保护性机制。随着月龄的增长，白天清醒的时间逐渐延长，逐渐建立白天睡少，夜间长睡的条件反射。如宝宝白天睡，晚上闹，多因新生儿昼夜规律的条件反射未形成。设法让宝宝白天少睡，如拍面部，弹足底，多给宝宝些刺激，逗他清醒。这样，经过几天调整就可以使宝宝形成正常的睡眠规律。

♥ 专家指导

影响宝宝睡眠的因素

如果宝宝睡眠不好，会使宝宝生理功能紊乱，神经系统调节失灵，食欲不佳，抵抗力下降，容易生病。所以，当宝宝哭闹不安时，妈妈要仔细查找原因，是饿了？尿布湿了？还是有什么不舒服？要及时分析出影响睡眠的因素。如果宝宝哭闹不止或有剧烈的尖叫，就应该及时请医生检查治疗。

让宝宝安稳入睡

想要让宝宝睡得更安稳，首先，卧室内要有适度的光线，虽然宝宝喜欢睡在比较暗的环境中，但最好有一点点光源。抱着哄睡时，要离宝宝睡觉的小床尽量近一些，因为距离小床越远，宝宝在梦中醒来的机会就越大，所以，要尽可能在靠近小床的地方喂奶或哄宝宝入睡。在哄宝宝睡觉之前，应该先把床铺好。如果

临时去清除床上的物品或铺床时，宝宝可能会随时醒来。婴儿床最好不要靠墙，这样从两边都可以放宝宝躺进去。要保持妈妈与宝宝的接触，因为宝宝突然离开妈妈的怀抱，很容易发生惊跳，然后醒过来。这时，就要在放下宝宝的同时，再轻轻地拍哄着，等宝宝睡稳之后，仍要将手留在宝宝的身上待一会儿，也可以哼唱一些催眠曲或说一些有节奏的话语哄宝宝安稳地入睡。

宝宝换衣前的准备

小宝宝不喜欢换衣服，他们害怕裸露自己的身体、害怕把正穿得舒服的衣服脱掉，在你刚开始操作时他们会哭闹，你千万不要急躁。当然，你也可以在换衣服的同时，用一些玩具吸引他的注意力。首先要选择在一个比较宽大的平面上为宝宝穿脱衣服，如床、垫褥或地板都是很理想的地方，因为这些平面能使你腾出双手。在换衣服前，应先把干净的衣服准备好。如果里外几件衣服要一起换，那么，先把这些衣服的袖子和裤腿部套在一起，这样穿衣服的时间会减少到最低限度。

❀ 正确的穿衣方法

先将衣服平放在床上，让宝宝平躺在衣服上。在穿袖子时，先把一只手的手指从宝宝服收拢的一只袖子的袖口穿过去，然后轻轻握住宝宝的手，把衣袖套挂在他的手上，再把衣袖往下拉，而不是把宝宝的手往外拉，以免拉伤他的手臂。抬起宝宝的另一只胳膊，使肘关节稍稍弯曲，将小手伸向袖子中，并将小手拉出来，再将衣服带子系好就可以了。如果你给宝宝穿的内衣是套衫，那么在穿衣服时要把套衫收拢成一个圈，并用你的手指在衣服的领圈处撑一下，再套过宝宝的头，然后把袖口弄宽，轻轻地把宝宝的手臂牵引出来，最后把套衫往下拉平。

❀ 正确的脱衣方法

脱衣时的做法是，把宝宝放在床上，先脱鞋子，然后，用双手轻轻抬起宝宝的小屁屁，把裤腰翻至宝宝的膝盖处，抓住宝宝的膝盖轻轻地把腿拉出来，另一侧做法相同。同时，还需要检查宝宝的尿布是否需要更换。如果上衣是穿着套衫，则要把衣下摆向宝宝头部卷起，握着宝宝的肘部，把袖口开成圆形，然后轻轻地把手臂拉出来。然后，把领口张开，小心地通过宝宝的头，大人此时一定要注意避免自己的手指甲或衣服上的硬物擦伤宝宝的脸。

育儿小百科

初为人母总是令人喜悦的。然而，从此妈妈的生活中就多了那一份操不完的心。给宝宝穿、脱衣服这样一件看似平常的小事，都倾注了妈妈无限的关爱。

为宝宝更换尿布

将尿布折成三角形，把尿布推入宝宝臀下，使腰部与尿布的上缘平齐。在宝宝的两腿间拿起尿布，盖在肚子上，先折叠一边，然后再折另一边，使尿布覆盖着中央垫层。两边可用安全别针别上或系上。

更换尿布的要点

换尿布前要做好准备，冬天最好焐热尿布再更换。更换动作要快而轻柔，以防止因动作粗暴而给宝宝造成意外的伤害。先用左手轻轻抓住宝宝的两条腿腕，稍微抬起身体，使臀部离开尿布，右手把脏尿布撤下来，换上干净尿布，然后扎好。尿布应放在屁股中间，如果拉大便，应擦拭干净。擦拭时可用清水或湿巾，注意从前往后擦，动作一定要轻柔，避免因擦拭方法不当而导致泌尿系统感染。

纸尿裤的更换方法

把纸尿裤铺开，黏合带在上，提起宝宝双腿，并把纸尿裤推入其臀下，使纸尿裤上部与宝宝腰部平齐。并把纸尿裤正面从宝宝两腿间拿起，把纸尿裤两边弄平整包着肚子，以便使纸尿裤在下面包得平滑。把黏合带拉紧盖在前面，为了使纸尿裤稳固，黏合带应拉得紧一点。

专家指导

尿布要及时更换

不论是棉质尿布还是纸尿裤，及时更换都是必不可少的。因为宝宝的肌肤很娇嫩，很容易受到尿液中代谢物的侵袭。如果不及时更换，就会造成皮肤发红或出现尿布疹，严重时还可能出现溃疡。

🌸 尿布的洗涤与消毒

　　每次换下来的尿布都应存放在固定的盆或桶中，不要随地乱扔。含有尿液的尿布可以先用清水漂洗干净后，再用开水烫一下。如果尿布上有粪便，先用专用刷子将它去除，然后放进清水中，用中性的肥皂或婴儿洗衣液进行清洗，再用清水多冲洗几遍。为了保持尿布的清洁柔软，所有的尿布洗净后，都应用开水浸烫消毒。晾干尿布时，最好能在日光照射下好好的晒一晒，达到除菌的目的。

🌸 给男宝宝换尿布

　　在给男宝宝换尿布的时候，许多妈妈可能都遭遇过这样的情形。刚刚一打开尿布，就当头被宝宝尿个正着。为了避免再次发生这样的情况，可以采取以下方法：

　　·在尿布打开之后，可以把尿布在宝宝的阴茎处稍微停留几秒钟，等感觉"危险"信号解除后再拿开。

　　·用纸巾把粪便清理、擦拭干净。

　　·再用柔软的毛巾蘸上温水，在宝宝的小肚子、屁股、大腿、睾丸、会阴和阴茎部仔细擦拭。

　　·最后，举起宝宝的双腿，把肛门、屁股再擦拭一遍，然后换上干净的尿布，就大功告成啦。

　　在给男宝宝换尿布的时候，往往容易忽略一些不起眼的细节。所以，必须重视那些卫生死角的清洁，比如鼠蹊、睾丸等部位。尤其是睾丸部分，一定要把褶皱处翻开，把藏在里面的污垢彻底清除干净。如果睾丸处皮肤长期处于一种潮湿的非清洁状态，会让宝宝的肌肤受到极大的伤害。

❀ 给女宝宝换尿布

·打开尿布，用纸巾把粪便清理、擦拭干净。

·再用柔软的毛巾蘸上温水，在宝宝的小肚子、屁股、大腿、外阴部仔细擦拭。

·清洗完毕之后，立即用毛巾把宝宝的小屁股包起来，以免着凉。

·举起宝宝的双腿，把肛门、屁股再擦拭一遍，最后换上干净的尿布。

由于女性生殖器官构造比较特殊，所以在给女宝宝清洁阴部时要格外注意。在擦拭阴部时，一定要从前往后擦，也就是从外阴部往肛门处擦洗，以防止肛门内的细菌进入阴道。在肛门部位清理干净之后，再用温水清洗一下，这是很有必要的。

❀ 给宝宝洗澡的步骤

给宝宝洗澡时，要先倒凉水，再兑热水，然后用胳膊肘或手腕试试水温，觉得热而不烫就可以了。

洗澡时先把宝宝的上身衣服脱光，清洗他的脸和脖子。然后用毛巾把他裹好，夹在你的胳膊下，再托着宝宝的头悬在澡盆上面，轻轻地撩水清洗宝宝的头发，随后用毛巾把头发擦干。解下宝宝的裤子，一只手牢牢托住宝宝的头和肩膀，另一只手托着宝宝的屁股和腿，把宝宝放在水里。然后在水里用一只胳膊托着宝宝，腾出另一只手轻轻地清洗宝宝的身体。

把宝宝从水里抱出来的时候，一只手托着宝宝的头和肩膀，抽出另一只手来像以前那样托着宝宝的屁股，放在事先准备好的干毛巾上，把宝宝裹住以免受凉。把宝宝浑身擦干，然后给他穿好衣服就可以了。

🌸 眼部擦拭

取一条宝宝专用的四角方巾，沾湿后拧干，将方巾的其中一角卷在手指上，由内眼角到外眼角，轻轻地帮宝宝擦拭眼睛。为了避免交互感染，爸爸妈妈必须记清楚分别是用四角方巾的哪一个角，来清洁宝宝的右眼和左眼，千万不要搞混。

🌸 口腔护理

喝完奶后最好让宝宝喝口水，以冲净口中残留的奶液。如宝宝吃奶后入睡，难以喂水，每天早晚可用消毒棉棒蘸水，轻轻在宝宝口腔中清理一下。因宝宝口腔黏膜细嫩，血管丰富，唾液腺发育不足，唾液分泌少，黏膜较干燥，易受损伤，所以爸爸妈妈要特别注意在护理时动作一定要轻柔。

🌸 鼻腔清理

宝宝鼻内分泌物要及时清理，以免结痂。较简便有效的方法是，把消毒纱布一角，按顺时针方向捻成布捻，轻轻放入宝宝鼻腔内，再逆时针方向边捻动边向外拉，就可把鼻内分泌物带出，重复性强，不会损伤鼻黏膜。

育儿小百科

新生儿的面部和肌肤护理很重要。面对又小又软的宝宝，爸爸妈妈要针对不同的部位，用心认真的清洁和护理，之后，一个干净、漂亮的小宝宝就会呈现在你的面前。

🌸 宝宝皮肤护理

宝宝皮肤稚嫩，角质层薄，任何轻微擦伤，都可造成细菌侵入。宝宝接触新环境，容易患感染性皮肤疾病，严重的感染可扩散到全身，引起败血症。宝宝皮肤皱褶比较多，皮肤间相互摩擦，积汗潮湿，分泌物积聚，容易发生糜烂，在夏季或肥胖宝宝更易发生皮肤糜烂。所以，当妈妈给宝宝洗澡时，要注意皱褶处分泌物的清洗，注意清洗动作要轻柔，不要用毛巾擦洗。

疾病的预防与护理

宝宝生病是父母最不愿遇到的事情，看着宝宝痛苦的样子，父母非常地心疼。可是宝宝脱离母体这层天然的保护屏障后，日久天长，难免会产生一些疾病，所以，父母要提前了解一些宝宝常见病的预防和护理知识，做到有备无患。

计划性免疫

当前针对婴幼儿的预防接种的疫苗有很多，妈妈们非常熟悉有卡介苗、小儿麻痹糖丸疫苗、百白破三联疫苗及麻疹疫苗，这是国家有计划地进行预防接种的疫苗，故又称计划性免疫。此"四苗"是政府出资免费为儿童接种的，它是儿童特有的福利待遇。

季节性免疫

乙脑灭活疫苗和流脑多糖疫苗，在这两种疾病流行的地方被扩大列入到计划免疫范围内，通常在疾病流行前2～3个月接种，属于季节性接种疫苗。个别地方是免费进行这类疫苗接种的。

卡介苗

卡介苗的接种，可以增强宝宝对于结核病的抵抗力，预防肺结核和结核性脑膜炎的发生。目前采用活性减毒疫苗为新生宝宝接种，出生后24小时内接种第一针。接种后的宝宝对初期症状的预防效果达80%～85%，可以维持10年左右的免疫力。如果新生宝宝患有高烧、严重急性症状及免疫不全、出生时伴有严重先天性疾病、低体重、严重湿疹、可疑的结核病，则不应接种。

❤ 乙肝疫苗

乙肝疫苗是用于预防乙肝的特殊药物。疫苗接种后，可刺激免疫系统产生保护性抗体，这种抗体存在于人的体液中，乙肝病毒一旦出现，抗体会立即作用，将其清除，阻止感染，并且不会伤害到肝脏，从而使人体具有预防乙肝的免疫力，以达到预防乙肝感染的目的。

❤ 宝宝发热的对策

宝宝发热是父母经常遇到的情况，发热有几种不同的类型，父母要根据发热的不同原因和不同类型采取不同的处理手段。

❤ 发热的类型

发热是宝宝疾病常见的症状。通常以宝宝腋下体温37～38℃为低热，38～39℃为中度发热，39～41℃为高热，超过41℃为超高热。

❤ 对高热的处理

物理降温作用迅速，安全，适用于高热。主要方法有以下几种。

·冷湿敷法。用温水浸湿毛巾或纱布敷于宝宝前额、后颈部、双侧腹股沟、双侧腋下及膝关节后面，每3～5分钟换一次。注意对39℃以上高热的宝宝来说，水温不宜过凉，明显低于体温即可。

·酒精擦浴。用30%～50%酒精重点擦抹上述冷湿敷部位及四肢皮肤，但不擦胸腹部。

·温水浴。适用于四肢循环不好的宝宝。水温37～38℃，用大毛巾浸湿后，包裹宝宝或置宝宝于温水中，为时15～20分钟，或根据体温情况延长时间，做完后擦干全身。

在做物理降温时应注意，每隔20～30分钟应量一次体温，同时注意宝宝呼吸、脉搏及皮肤颜色的变化。多喝些凉开水，在水中加些盐和糖，防止脱水。如果高烧迟迟不退，则应就医。

消化不良与腹泻的预防

不少妈妈在喂养宝宝的过程中，常常会遇到宝宝消化不良以及腹泻的问题。这些都是婴幼儿的常见疾病，防病大于治疗，如何预防呢？

避免宝宝消化不良

为了避免宝宝消化不良，应注意以下几个方面：第一，喂养要定时定量；第二，保持宝宝良好的食欲，注意宝宝的身体状态和周围环境；第三，注意腹部保暖，不要使宝宝的胃肠道受到寒冷刺激；第四，培养排便习惯，保持消化道通畅，帮助宝宝养成每天定时排便的习惯。

非感染性腹泻

引起宝宝腹泻的原因有很多，其中，非感染性腹泻主要是由于宝宝饮食喂养不当或天气变化引起的。饮食方面引起的腹泻包括进食过多或过少，食物成分改变，加糖过多，反之，糖分摄入过少易引起便秘。天气变化的原因如宝宝受凉，可使肠道功能紊乱，气候炎热可使胃酸和消化酶分泌减少，导致消化不良引起腹泻。

感染性腹泻

感染性腹泻是宝宝进食的奶具或食物不洁，使细菌进入体内造成的腹泻。或者由于服用广谱抗生素，致使肠道菌群失调引起腹泻。当宝宝患急性上呼吸道感染、肺炎、中耳炎、泌尿系统感染、咽炎等病时，由于发热及病原体毒素的影响，也可能造成腹泻。因此，无论是哪一类腹泻，做父母的都应采取准确及时的处理方法，最好的办法就是寻求医生的帮助。

腹泻的治疗

调整饮食，预防和纠正脱水，合理用药，加强护理，预防并发症，不同时期的腹泻病治疗各有侧重，急性腹泻多注意维持水、电解质平衡及抗感染；迁延及慢性腹泻则应注意肠道菌群失调问题及饮食疗法问题。治疗不当往往会得到事倍功半或适得其反的效果。

智能开发与训练

对宝宝进行早期的智能培育与开发是很有必要的。从人类大脑的发育过程来看，脑细胞在胚胎期形成，胚胎后期一直到4周岁是脑细胞成长、发育、分化的过程，这一阶段称为大脑快速发育期，可塑性较好。此时的教育主要是来源于外界信息刺激，不仅是知识增长，更重要的是促进大脑发育，为日后的教育奠定良好基础。

用目光与宝宝交流

眼睛是心灵的窗户，爸爸妈妈与自己的宝宝沟通时，首先要进行的就是眼睛的交流。而宝宝通过爸爸妈妈的目光，聆听爸爸妈妈的声音，熟悉爸爸妈妈的表情，即可奠定对"说话"这种交流方式的认识。

对宝宝微笑

宝宝出生后，对人脸表现出明显的兴趣，如果父母的脸在宝宝适宜的视线范围内出现，他会饶有兴趣的注视。而且宝宝具有天生的模仿能力，如果这时父母对着他微笑，宝宝也会露出浅浅的微笑来回应。

用音响玩具训练听觉

父母可以用音响玩具对宝宝进行听觉能力的训练，这样的玩具品种很多，如各种音乐盒、摇铃、拨浪鼓、各种形状的吹塑捏响玩具，以及能拉响的手风琴等。在宝宝醒着的时候，父母可在宝宝耳边轻轻摇动玩具，发出响声，引导宝宝转头寻找声源。进行听觉训练时，需注意声音要柔和、动听，不要持续很长时间，否则宝宝会失去兴趣而不予配合。

本月宝宝智能发育测试

人刚一生下来，就具备多种潜能，拥有许多与生俱来的能力，后期能力的消失只是因为没有得到适当的开发。通过一个月的智能开发训练，看看宝宝有哪些收获。

大动作

俯卧抬头片刻。让宝宝趴在床上，脸向下，双臂放在头两侧，前面用摇铃逗引其抬头。如果宝宝能自行抬头，且下颌离开床面2秒，即表明宝宝达到1个月智能发育标准。

精细动作

握笔杆。让宝宝仰卧，将笔杆放在宝宝手中，如果宝宝可握笔杆2～3秒即达到1个月智能发育标准。

认知能力

听声音找声源。使宝宝处于俯卧，距宝宝耳朵一侧9厘米左右摇铃，若宝宝眼睛向声源方向移动即达到1个月宝宝智能发育标准。

言语交流

会发细小喉音。在宝宝清醒时观察其发音。如宝宝能发出除哭以外的任何一种细小柔和的声音即表明宝宝达到1个月智能发育标准。

情绪与社会行为

逗引宝宝会微笑。让宝宝仰卧，家长用语言、表情逗他，但不要用手触及宝宝，如果宝宝有微笑等愉快反应，则表明宝宝达到1个月智能发育标准。

第三章

1~2个月：
在微笑中成长

对大多数父母而言，第2个月最令人高兴的莫过于宝宝的微笑了。如果你注视着宝宝，跟宝宝说话，宝宝很可能会摇动四肢及身体，同时"咯咯、咕咕"地叫出来，仿佛整个身体都在"微笑"似的。宝宝的一切都在慢慢地释放和舒展，让妈妈每一天都有惊喜的新发现。

本月身体发育特点

经过父母又一个月的悉心照料，宝宝长高长胖了一些。虽然宝宝各项身体发育指标都有一定提高，但身体上的变化尚不明显。

身高

这个月的男宝宝平均身高约为57.9厘米，女宝宝约为56.8厘米。宝宝身高增长是比较快的，一个月可长3～4厘米。身高的测量也和体重一样，要标准测量。如果身高增长明显落后于平均值，要及时看医生。

体重

这个月的男宝宝平均体重约为5.5千克，女宝宝约为4.7千克。宝宝体重增长较快，平均可增加1千克。人工喂养的宝宝体重增长更快，可增加1.5千克甚至更高。但体重增加程度存在着显著的个体差异。体重的增长并不是很均衡的，这个月长得慢，下个月也许会出现快速增长。

头围

男宝宝的平均头围约为39.2厘米，女宝宝约为38.1厘米。前半年头围平均增长9厘米，但每个月并不是平均增长。所以，只要头围在逐渐增长，即使某个月增长稍微少了些，也不必着急。

囟门

前囟是没有颅骨的地方，一定要注意保护，非必要不可触摸宝宝的前囟，更不能用硬的东西磕碰前囟。宝宝的前囟会出现跳动，这是正常的，前囟一般是与颅骨齐平的，如果过于突出或过于凹陷则属于异常。

🌸 眼球的转动灵活了

宝宝满月后，视觉集中的现象就会越来越明显，喜欢看熟悉的大人的脸。这时候的宝宝，眼睛变得清澈了，眼球的转动灵活了，哭的时候眼泪也多了，不仅能注视静止的物体，还能追随物体而转移视线，注意物体的时间也逐渐延长。

🌸 辨别出声音的方向

宝宝已能辨别出声音的方向，能安静地倾听周围的声音和轻快柔和的音乐，更喜欢听爸爸妈妈说话，并能表现出愉快的表情。当宝宝哭闹时，妈妈如果哄他，即使声音不高，宝宝也会很快地安静下来。如果宝宝正在吃奶时听到爸爸或妈妈的说话声，便会中断吸吮动作。宝宝对突如其来的响声和强烈的噪声，会表现出惊恐和不愉快，还可能会因此受到惊吓而啼哭。这个时期的宝宝对爸爸妈妈的声音很敏感，也非常乐于接受。

🌸 小嘴会做说话的动作

一个多月的宝宝哪里会有说的能力？是的，宝宝还不能用语言来表达，但这么大的宝宝已经具有表达的意愿。在爸爸妈妈和宝宝说话时，你可能会惊奇地发现，宝宝的小嘴在做说话的动作，嘴唇微微向上翘，向前伸成"O"形，这就是想模仿爸爸妈妈说话的意愿，爸爸妈妈要想象着宝宝在和你说话，你就像听懂了宝宝的话一样，做出和宝宝对话的反应，这就是语言潜能的开发和训练。尽量多和宝宝说话，建立语言学习能力。

🌸 辨别母亲的奶味

宝宝在胎儿时期嗅觉器官即已成熟，宝宝依靠成熟的嗅觉能力来辨别妈妈的奶味，寻找乳头和妈妈。这个月的宝宝总是面向着妈妈睡觉，这就是嗅觉的作用，宝宝是在闻妈妈的奶香。

🌸 生长速度较快

宝宝在这个月的生长速度之快，实在是令人惊奇。满月时，宝宝的体重比出生时平均增加了1千克，身高也平均增长了3～4厘米。有些生长顺利的宝宝，每天的体重增加量超过30克。但这只是平均数值，宝宝的生长在很大程度上，取决于个人的差异。

🌸 宝宝会笑了

宝宝一过满月，爸爸妈妈就会发现宝宝仿佛一下子长大了，而且会笑了。这时候，每当爸爸妈妈对宝宝说话，对宝宝微笑时，宝宝也会对爸爸妈妈微笑，而且还会手舞足蹈，表现出兴奋的样子。尤其妈妈女性的高音，比爸爸男性的低音更能诱发宝宝的微笑。这就是所谓的"诱发性微笑"，这是宝宝与人交往和表示自己快乐的一种方式，也是宝宝博得人们喜爱，尤其是爸爸妈妈疼爱的最有力的手段之一。

🌸 对家人有了记忆

进入2个月的宝宝，开始注意周围的人，对于时常与他(她)亲密接触的妈妈或爸爸已经有了记忆，并会从其他人当中认出你来，并表现出欢快的样子，脸上笑着，嘴里叫着，手脚舞着，也乐于让你抱。如果面对的是生人，有的宝宝是不会让抱的，他会用啼哭来表示反抗。这既是一种社交欲望，也是一种自我保护能力。

❤ 专家指导

尽量与宝宝多接触

爸爸妈妈要尽可能和宝宝多接触。所谓接触，这里主要是指身体的接触，比如：温柔的抚触宝宝，这是一种爱的交流。哺乳时，妈妈应尽量与宝宝肌肤相亲，使宝宝感受到妈妈的怀抱是他最安全的场所。

科学的营养饮食

妈妈要多吃营养丰富的食品，以让宝宝吃到充足、质量高的奶水。有些妈妈因个人体质或其他原因，不能为宝宝提供全母乳喂养的，就需要喂宝宝牛奶、奶粉，或其他营养品，以保证宝宝营养的正常供给。

喂奶时间不宜过长

宝宝吃奶的时间不宜过长，从奶汁的成分来看，先吸出的母乳中蛋白质含量高，而脂肪含量低，随着吸出奶汁的量逐渐增多，母乳中脂肪含量逐渐增高，蛋白质的量逐渐降低。吃奶时间过长，会使脂肪摄入过多，容易引起宝宝腹泻。其次，乳汁已吸空，再含着奶头，吸入的都是空气，容易造成溢乳。一般认为一侧乳房的哺乳时间为10分钟。吸奶最初2分钟，已经可以吃到总乳汁量的50%，最初4分钟，可吃到总乳汁量的80%~90%，最后的5分钟吃到的奶比较少。

掌握牛奶的温度

宝宝的奶粉适宜用50~60℃的温开水冲泡，太热会破坏奶粉的营养成分。喂奶时使奶瓶后部始终略高于前部，使奶水能一直充满奶嘴，以避免宝宝在吃奶时吸入空气。人工喂养的宝宝要在两餐之间适量补充水分。

循序渐进改变喂养方式

有些宝宝是从母乳改喂配方奶粉的，由于配方奶大多味道比母乳重些，宝宝很容易出现拒奶现象，妈妈要循序渐进地让宝宝改变，一点点减少母乳，增加配方奶，便于使宝宝逐渐习惯接受配方奶。如果宝宝不爱喝，可尝试更换另一种配方奶来喂。

了解宝宝的哭闹

哭，是宝宝表达自己需求的一种方式，以吸引父母们对他的重视与满足。有些妈妈一看见宝宝哭，就马上给宝宝喂奶，这会加剧喂养的不规律。对于2个月的宝宝，不到时间，就是哭也不要给他吃。如果你实在不忍心，可以给宝宝买个安抚奶嘴，因为宝宝并不是真的饿了，那只是小儿的一种口欲，要嘴里含着奶头他就舒服了，就满足了，而并非真的要吃。你也可以带他到户外走走，分散一下注意力，宝宝就会忘记吵了。

哇！哇！

补充钙剂视情况而定

为了防止宝宝患佝偻病，应常规补充维生素D。那么，是否也应常规补充钙剂呢？这要看具体情况而定。宝宝每天钙的需要量为400～600毫克，母乳每升含钙约300毫克，牛奶每升约含1250毫克。因此正常情况下，母乳和牛奶喂养的宝宝都不需要补充钙剂。千万不要把钙剂当成营养品。钙过量不仅无益反而有害。

向太阳要维生素D

要经常把宝宝带到户外晒太阳，每天不少于2小时，可上、下午各1次。当阳光较强时，应该去阴凉处，或选择避开上午至下午阳光较强的一段时间，身体照样可以获得紫外线。值得注意的是，日晒时不要把宝宝遮掩的太严实，尽量多露出皮肤，也不能让宝宝在房子里隔着玻璃窗晒太阳，因为紫外线很难透过去。要向妈妈特别提出的是，经阳光照射后，体内合成维生素D的剂量是十分安全的。

❀ 热量的摄入要适量

对于宝宝来说，摄入热量的要求大约是成人的2～3倍。这个月的宝宝每日所需的热量是每千克体重100～110千卡，如果每日摄取的热量超过120千卡，就有可能造成肥胖。母乳喂养的宝宝，每周要用体重计测量宝宝的体重，如果每周宝宝的体重增长都超过250克以上，就有可能是摄入热量过多，如果每周宝宝的体重增长低于100克，就有可能是摄入热量不足。人工喂养宝宝可根据每日牛奶量计算热量，母乳喂养宝宝和混合喂养宝宝不能通过乳量来计算每日所摄入的热量。

❀ 满足DHA和AA的摄入

DHA和AA是大脑和视网膜的重要组成部分，DHA是二十二碳六烯酸，又称"脑黄金"；AA是花生四烯酸，两者都是长链多元不饱和脂肪酸。它们是宝宝大脑生长发育所必需的营养物质，也是构成神经细胞膜、且在神经细胞膜中发挥重要作用的"结构性"脂肪酸。均衡饮食的母亲母乳中含有丰富的DHA和AA，可以满足宝宝的需要。但是，由于母乳不足或母亲因故无法进行母乳喂养时，宝宝就得从其他途径来获得DHA和AA，可以选择含有这两种成分的奶粉，如果奶粉中没有DHA或DHA含量不充足，还可以加入DHA牛奶伴侣，以满足宝宝大脑发育的需要。

♥ 专家指导

DHA 和 AA 并不是摄入越多越好

DHA 是否充足与婴儿智力和视力发育有极密切的关系。AA 是构成脑部的重要脂肪酸。但 DHA 和 AA 的摄入量并不是越多越好，过犹不及，还是应该遵循比例接近母乳的原则，才可以使宝宝充足和安全的摄入 DHA 和 AA。

患上乳腺炎的喂养

过去的妈妈一旦发生乳腺炎，就立刻选择给宝宝断奶。但是经验证明，患了乳突堵塞或者乳腺炎的妈妈，对自己和宝宝所能够做得最好的事情，就是继续哺乳，而且应该更加频繁地哺乳，以缓解症状。

上班族妈妈的母乳喂养

在将上班的前几天，妈妈应根据上班后的作息时间调整、安排好宝宝的哺乳时间。不足6个月的宝宝只吃乳品，妈妈可在上班前和下班后用母乳喂哺。如果妈妈能在午间休息时间回家喂更好。在上班之前1~2周由家人给宝宝试着喂奶瓶，开始的次数少些，每周1~2次，让他慢慢适应用奶瓶喝奶。4个月以上的宝宝需要添加辅食了，要合理安排喂奶和吸奶时间，应尽量地把喂辅食的时间安排在妈妈上班的时间。妈妈在上班出门前给宝宝喂一次奶或将奶吸出来，后由家人或保姆喂奶。工作期间，即使再忙，你也要保证每3小时吸一次奶。

母乳的存储

挤出来的母乳储存在干净的容器里，如消过毒的塑胶筒、奶瓶、塑胶袋。储存母乳时，每次都要另用一个容器。冷藏母乳与冷冻室的母乳加在一起时，切记新加的要比原来已冷冻的母乳少，否则已冷冻的会被新加入的母乳解冻。不要装得太满或把盖子盖得很紧，以防容器冷冻结冰而胀破。母乳分成小份存储，方便家人或保姆根据宝宝的食量喂食且不浪费，并贴上标签，记上日期。

💠 存储母乳的食用方法

喂食前，冷冻母乳先用冷水或放置在冷藏室慢慢解冻退冰。最好的办法是用奶瓶隔水慢慢加入温水，摇匀后用手腕内侧测试温度，合适的奶温应和体温相当。已经拿出来的冷冻母乳退冰后不可再冷冻，只可冷藏。一旦加温后若未食用，不可再次冷藏，需要丢弃。不要用微波炉加热或直接在火上加热，因为微波炉加热不均匀，而直接在火上加热、煮沸会破坏母乳的营养成分。

💠 腹泻宝宝的喂养

宝宝腹泻时，不必停止喂奶，只需适当减少喂奶量，缩短喂奶时间，延长两次喂奶的间隔时间，就可调整过来。一般来说，3个月以内的宝宝每3小时喂1次，夜间停喂1次；3~5个月的宝宝每3个半小时喂1次，5个月大后的宝宝每4小时喂1次，每次喂奶时间为15~20分钟。在喂奶时间以外，如果宝宝啼哭可以选择喂点白开水，或5%葡萄糖水，也可以减少1~2次母乳的哺喂，以使宝宝的胃肠得到休息。每次喂奶前，妈妈可喝一大碗开水稀释母乳，这样将有利于减轻宝宝的腹泻症状。

💠 湿疹宝宝的喂养

宝宝湿疹是妈妈常常碰到的问题，千万别掉以轻心，以为单纯的皮肤护理就可以应付了。这时，宝宝可能对牛奶过敏，在喂养上更需要特别的关注。对这个阶段的宝宝来说，牛奶蛋白是一种过敏原，这个时候可能需要选择不含牛奶蛋白的特殊配方奶粉，如婴儿配方豆粉来喂养，帮助宝宝缓解湿疹。

育儿小百科

湿疹宝宝要穿得宽松些，以全棉织品为好。母乳喂养可以防止由牛奶喂养而引起异性蛋白敏所致的湿疹。

精心的日常呵护

父母在宝宝最初的成长过程中，每天最主要的照料内容除了喂奶就是料理宝宝的大小便、睡觉、洗澡、穿衣等，这些事情常常会使父母手忙脚乱。

通过大便判断宝宝的消化

宝宝排便的次数，粪便的性状、颜色、气味与宝宝的年龄、食物的种类及宝宝的消化、吸收功能有着密切的关系。它是反映宝宝胃肠功能的一面镜子，父母可以通过观察粪便来调整宝宝的饮食。

· 大便太臭。蛋白质吃得太多，消化不良。刚从母奶换为牛奶时也会有此现象。

· 多泡沫。糖发酵旺盛，不是毛病。

· 有凝块奶。宝宝未完全消化会有此现象。

· 呈绿色。胃肠蠕动太快，不是毛病。

· 色太淡或淡黄近于白色。黄胆，赶快去看医生。

· 呈黑色。胃肠道上部分出血，去看医生。

· 呈红色。胃肠道下部分出血，去看医生。

· 呈红色水果冻状。可能是肠套叠，应立即送医院。

训练宝宝大小便不宜过早

1个月以上的宝宝，仍然是随意大小便，此时训练大小便还为时太早，没有必要为此投入精力，因为这时的训练是无效的，所以不提倡过早训练宝宝大小便。尽管宝宝不能控制大小便，但和新生儿期相比，这个月的宝宝小便次数应会有所减少。如果使用尿布，不再是每天彩旗飘飘，而且，也比较有规律了，大多数是在醒后排尿。男宝宝可以看到阴茎立起来时，马上接尿，就会成功地把尿接到小罐中。

🌸 宝宝吃奶时不要打断

当妈妈把宝宝的尿布换得干干净净的，抱起来吃奶时，还没吃几口，就听到"扑嚓嚓"拉屎的声音，妈妈会认为宝宝不正常，就给宝宝吃药，或者马上给宝宝更换尿布。遇到这种情况，妈妈不要急于给宝宝换尿布，其一是打断了宝宝吃奶，会由此导致宝宝吃奶不成顿；其二会引起宝宝把刚刚吃进的奶溢出来，加重溢乳程度；其三会增加护理负担，可能在整个喂奶过程中拉几次，如果拉一次，就马上换，恐怕要换几次。这样一次次折腾宝宝，中断喂奶是不好的。所以，应等宝宝吃完奶再换。

🌸 宝宝打嗝的防治

其实并没有任何可靠的方式可以停止宝宝打嗝的，尤其是不确定为什么会发生打嗝的时候。宝宝若无其他疾病而突然打嗝，一般无须作处理，通常打一会儿就可自行停止，除非发作时间较长，连续超过10分钟以上。家长可以在宝宝喝完奶之后，多抱一会儿，轻轻拍打宝宝背部，或是轻柔按摩宝宝腹部来帮助其排气，这样可以预防宝宝打嗝及溢奶。此外，试试少量多餐的喂食法，或喂食后、抱起宝宝帮他拍背以加强排气，喂一点温开水或以有趣的活动来转移宝宝的注意力，或许可以改善宝宝的打嗝症状。

❤ 专家指导

土方法治打嗝不可信

有些父母用无医学根据的土方法来治疗宝宝打嗝，如服用蜂蜜来治疗打嗝或压眼球等，妈妈们切勿相信。因为蜂蜜中可能含有细菌，宝宝的胃酸不一定有足够能力去杀死这些细菌。

❤ 宝宝吐奶的防治

为了预防宝宝吐奶，喂奶量不宜过多，间隔不宜过密。采用合适的喂奶姿势，尽量抱起宝宝喂奶，让宝宝的身体处于45°左右的倾斜状态，胃里的奶液自然流入小肠，这样会比躺着喂奶发生吐奶的概率低。喂完奶后，把宝宝竖直抱起靠在肩上，轻拍宝宝后背，让他通过打嗝排出吸奶时一起吸入胃里的空气，再把宝宝放到床上。此时，不宜马上让宝宝仰卧，而是应当侧卧一会儿，然后再改为仰卧。

❀ 抱宝宝的注意事项

抱起宝宝前可先用眼神或说话声音逗引，使他注意，一边逗引，一边伸手将他慢慢抱起。不管用何种姿势抱这个月龄的宝宝，均应保护好头颈部和腰部以免造成意外伤害。这时将宝宝抱起来的时间不宜过长，以免让宝宝产生疲劳，也不可将宝宝抱在手上来回摇晃，以免损伤宝宝脑部。这里，还要提醒父母注意的是，每次抱过宝宝后要用手轻轻抚摸宝宝背部，放松其背部肌肉，让宝宝感觉到舒适和父母的爱抚。每次抱过宝宝后还可以让宝宝仰卧在床上休息片刻。

❤ 给宝宝按摩的好处

按摩可以让宝宝感受到妈妈的爱心与耐心，在充满爱的呵护下，宝宝会觉得被重视，也能增加宝宝以后的自信心。由于妈妈按摩时一定会注视着宝宝，宝宝会感受到妈妈眼光中的母爱。给宝宝按摩不仅是父母与宝宝情感沟通的桥梁，还有利于宝宝的健康。给宝宝按摩具有帮助宝宝加快新陈代谢、减轻肌肉紧张等功效。还可促进宝宝对食物的消化、吸收和排泄，帮助宝宝睡眠，减少烦躁情绪等。

💠 给宝宝按摩的步骤

首先，给宝宝的按摩力度一定要轻，以免伤害其幼嫩的血管和淋巴管。其次，为宝宝按摩时，要从宝宝的头抚摩到躯体，然后从躯体向外抚摩到四肢。主要的按摩部位包括以下几处。

·头部按摩。轻轻按摩宝宝头部，并用拇指在宝宝上唇画一个笑容，再用同一方法按摩下唇。

·胸部按摩。双手放在宝宝两侧肋线，右手向上滑向宝宝颈部，再复原。左手以同样方法进行。

·腹部按摩。按顺时针方向按摩宝宝腹部，在脐痂未脱落前不要按摩。

·背部按摩。双手平放在宝宝背部，从颈向下按摩，然后用指尖轻轻按摩脊柱两边的肌肉，再次从颈部向底部运动。

·上肢按摩。将宝宝双手下垂，用一只手捏住其胳膊，从上臂到手腕轻轻扭捏，然后用手指按摩手腕。用同样方法按摩另一侧。

·下肢按摩。按摩宝宝的大腿、膝部、小腿，从大腿至踝部轻轻挤捏，然后按摩脚踝及足部。在确保脚踝不受伤害的前提下，用拇指从脚后跟按摩至脚趾。

💠 按摩时间不宜过长

按摩应在宝宝睡觉前、睡醒后、洗澡后、情绪稳定时进行。也可在两次喂奶中间进行，室温应保持在22~26℃。另外，不要在宝宝吃得不饱或过饱的时候进行按摩，对于本月宝宝，每次按摩15分钟即可，稍大一点的宝宝，约需20分钟，最多不超过30分钟。

育儿小百科

经常对宝宝进行按摩是培养父母和宝宝间亲情的一种行之有效的好方法。宝宝在出生后的第一年里，触摸感觉是其情绪满足和安全感的主要来源。

🌸 享受清新的空气浴

户外空气浴可以使宝宝的皮肤、呼吸道黏膜接受外界空气的冷与热的刺激，这些刺激传递到大脑可提高神经中枢对体温的调节能力，并增强宝宝适应大自然和抵御疾病的能力。而且户外新鲜空气比室内的空气含氧量高，有利于宝宝呼吸系统和循环系统的发育。

🌸 给宝宝温暖的日光浴

宝宝在进行户外空气浴的同时还可以接受紫外线的照射。这会让宝宝自身产生更多的具有活性的维生素D，这将有利于钙的吸收，避免佝偻病的发生。当然要注意避免暴晒，如果阳光较强，应该去阴凉处，或选择避开上午至下午阳光较强的一段时间。

🌸 外出时的注意事项

让宝宝选择卧式婴儿车，当道路不平时也要把宝宝抱出来，以免躺着颠簸，震伤大脑。较适宜的抱宝宝的姿势是让宝宝面朝前，背靠妈妈胸腹部；妈妈一手托臀部，另一手环绕宝宝腰部。

外出活动不要到人口聚集处，比如商场、电影院等地。这些地方通风不好，人流复杂，难免会有病人或带菌者，而宝宝抵抗力弱，容易被感染。夏天天气炎热，进行户外活动时要给宝宝戴帽子，抹防晒霜，同时要注意避免长时间地抱着宝宝，因为长时间地抱着宝宝不利于散热，会造成宝宝体温过高。外出活动后要及时给宝宝补充水分，培养宝宝喝凉白开水的好习惯。

❀ 确保玩具的安全性

对宝宝来说，安全始终是第一位的，选择玩具，亦是如此。宝宝会将所有的东西放进嘴里。所以应避免购买因包含小部件而可能引起宝宝窒息的玩具。此外，要避免购买用PVC生产的塑料玩具，防止溢出有害化学物质。另外，还应避免做工粗糙的玩具，以防止一些多余的棱角伤害到宝宝。

❀ 选择色彩和声音类玩具

选择一些颜色鲜艳、声音悦耳、造型精美的既能看又能听的吊挂玩具，如彩色气球、吹气娃娃及小动物、彩条旗、小灯笼、颜色鲜艳的充气玩具、拨浪鼓、摇铃等。注意此时宝宝的视距在3米以内，要将玩具悬挂在宝宝的床头及周围，每隔4天轮流更换。还可以用颜色鲜艳的小袜子和小丝巾，套在或轻轻系在宝宝手上。

❀ 选择手抓类玩具

可将拨浪鼓、摇棒、拉串等软硬塑料和橡胶一类练习手部动作的玩具放在宝宝的摇篮边，让宝宝可以随时看到、抓到。还可选用一些用手捏可发声的橡胶玩具或较轻的小型玩具。

❀ 温馨的小·玩具

这时的宝宝需要温暖的母爱和安全感，可以选一些手感温柔、造型朴实、体积较大的毛绒玩具，放在宝宝手边或床上；还可以选择色泽鲜艳的挂图或者重点突出的名画，经常抱着宝宝看这些图画，并且柔声地告诉宝宝画里面的内容。

☂ 育儿小百科

宝宝的玩具很容易受到细菌、病毒的污染，成为威胁宝宝健康的隐患。因此，父母要重视玩具的卫生，定期对玩具进行清洗和消毒。

疾病的预防与护理

父母平时要注意观察宝宝的一些情况，如果宝宝表现异常，千万不能大意，应及时去医院就诊。

及时服用小儿麻痹糖丸

脊髓灰质炎俗称小儿麻痹症，是一种病残率很高、会导致儿童终生残疾的传染病，预防和控制该病的最有效方法是，让适龄儿童服食小儿麻痹糖丸疫苗，以强化自身免疫能力。

小儿麻痹症的表现

小儿麻痹症是由脊髓灰质炎病毒损害运动神经元而引起的。表现为在瘫痪前期发热3~4天后或体温下降后出现瘫痪，可分为脊髓型、延髓型、脑炎型或混合型。经过1~2周进入恢复期，病肌复原，或形成持久性麻痹后遗症。

免疫程序缺一不可

小儿麻痹糖丸分为红色（Ⅰ型）、黄色（Ⅱ型）、绿色（Ⅲ型）三种。口服方便，无痛苦，易被宝宝接受，自宝宝出生后2个月服用第1次，3个月服用第2次，4个月时服用第3次，Ⅰ型、Ⅱ型、Ⅲ型药丸依次服用，3丸必须全部服完，才能取得良好的免疫效果。

糖丸的服用方法

服用糖丸时应用冷水送服，绝对不可以用温水、温奶及母乳送服。严禁用开水化糖丸，以防疫苗被烫死而失效，通常把糖丸从冷藏瓶中取出，用一个小酒杯把糖丸放入杯中擀碎，马上给宝宝喂入口中，迅速咽下，再喂点凉开水，或吞服，注意，半小时以内不能喝热水和热奶。

🌸 肺炎的防治

肺炎是一种呼吸道疾病，由于婴儿早期无明显呼吸道症状，所以，很容易被忽视。如果病情加重会引起宝宝呼吸衰竭，导致严重的后果。

❤ 肺炎的表现

肺炎的表现有轻有重，一般症状有咳嗽、呼吸急促，发热时体温可达39～40℃。可能伴有食欲下降，呕吐、腹泻等消化道症状。肺部听诊有细湿啰音。当出现以下情况时，考虑病情严重，可能有并发症发生，如烦躁不安、精神委靡、呻吟或气急加重、鼻翼扇动、点头状呼吸，伴有不同程度的缺氧症状如鼻唇周围出现青紫、面色灰白、体温不升或高热。有的体征不明显，通过肺部X光片可以检查出来。

❤ 预防肺炎的要点

预防肺炎应注意以下几个事项。

· 父母要注意经常开窗通风，保持屋内空气流通。

· 喂奶时注意不要让宝宝吃得太快太急，以免呛奶或溢奶。

· 喂奶后要轻轻拍背，让宝宝打嗝排气，同时要注意房间的保温。

❤ 肺炎的治疗

肺炎的治疗主要包括以下两种。

· 控制感染。一般肺炎先用青霉素肌注（提前做试敏），病情较重者可静脉滴入。抗生素一般用至体温正常5～7天，肺部啰音消失之后停药。

· 对症治疗。发热时应先物理降温，如冷水湿毛巾敷头部、冰袋枕头、温酒精擦洗腋下及腹股沟等处。或口服小儿退热片，或肌注安痛定等退热，对于急性缺氧者还应立即给氧。

应对宝宝便秘的方法

宝宝便秘后，排便困难的宝宝排便时会因肛门疼痛而哭闹不安，多日便秘的宝宝还会出现精神不振、食欲不好、腹胀等症状，希望引起父母的重视。幼儿是肠道发育的关键时期，便秘处理不当将会影响到孩子的一生。防治婴幼儿便秘，主要可从以下几个方面着手。

训练宝宝定时排便

一般从3个月左右开始，就可以有意识地训练宝宝养成按时排便的习惯，使其逐渐形成条件反射，定时产生便意，避免宝宝出现便秘。

科学喂养，正确添加辅食

宝宝在接受新的食品时，容易出现便秘，因此，父母在给宝宝添加辅食时一定要遵循由一种到多种，由少到多的原则。以婴儿营养米粉为例，对于3~4个月的宝宝来说，刚开始时喂1~2汤匙即可，2周以后再增加至4~5匙。另外冲调米粉时还要注意米粉和水的比例，避免宝宝大便干燥。此外，对4~5个月的宝宝来说，适当喂哺蔬菜泥及果泥等含纤维素的食物，可防止便秘。

便秘的治疗

对便秘的宝宝应注意因果同治。发现宝宝便秘可每天早晨空腹服用适量蜂蜜，用右手掌心自宝宝右下腹向上绕脐顺时针轻轻按摩十余次，以达到蠕肠通便之作用，如果便秘严重，需及早带宝宝看医生，排除先天性巨结肠、肛门直肠狭窄等疾病情况。

疝气的防治

小儿疝气是小儿外科常见疾病之一，主要临床表现为宝宝出生后不久，便在腹股沟部位发现有可复性肿块，多数在2～3个月时出现，也有迟至1～2岁才发生的。

疝气的危害

小儿腹股沟疝气首先会影响患者的消化系统，从而出现下腹部坠胀、腹胀气、腹痛、便秘、吸收功能差、易疲劳和体质下降等症状。又由于腹股沟部与泌尿生殖系统相邻，可因疝气的挤压而影响生殖系统的正常发育。所以小儿疝气应该及早进行彻底治疗。

疝气的症状

疝气可能在出生后数天、数月或数年后发生。通常在小孩哭闹、运动、解便后，在腹股沟处会有一鼓起块状物，有时会延伸至阴囊或阴唇，有可能在卧床休息或睡觉后自行消失。严重者会腹痛、恶心、呕吐、厌食或哭闹不安。若发现宝宝无故反复哭闹，要检查一下有无疝气的发生。发现疝气后，要尽早带宝宝到正规医院就诊。

治疗要趁早

不排除极少数小儿疝气患者随着年龄的增长，疝气就会不再出现，如果宝宝活动量增加，在腹压增大的情况下，疝气还有可能复发。有极少数宝宝，有自愈的可能，但宝宝患上疝气还是需要及时治疗的。手术是小儿疝气最好的治疗方法。一般皆以全身麻醉，采高位结扎的方法，手术安全且时间不长。若有疝气发生，宜早日治疗，以免疝气囊之内容物发生箝闭，增加手术的困难，从而造成生命的危险。

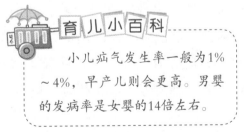

育儿小百科

小儿疝气发生率一般为1%～4%，早产儿则会更高。男婴的发病率是女婴的14倍左右。

🌸 防治蚊虫叮咬的方法

蚊虫叮咬多发生在夏秋季节。蚊虫叮咬有传播疾病的危险性，对宝宝的危害尤其大，因此预防蚊虫叮咬十分重要。

💗 室内室外防蚊虫

给宝宝选择适当的蚊帐，不要因怕麻烦而放弃使用蚊帐。要为家中安上纱门纱窗，并做到随手关好门窗。由于二氧化碳、体温、汗味是十分敏感的诱蚊剂。所以，一定要常给宝宝及时擦干汗液，注意勤给宝宝洗澡、换衣。出行时应尽量穿长裤长袜，浅颜色衣服，可以在外出前全身涂抹适量驱蚊用品，对驱赶蚊子有较好的效果；不要在河边、湖边、溪边等靠近水源的地方停留较长时间，这些地方在夏天会有较多的蚊子；尽量避免在草丛中穿行。注意室内环境卫生，特别是死角处，要经常打扫，减少蚊虫滋生。

💗 蚊虫叮咬后的处理

宝宝被蚊虫叮咬后应即时作出如下处理。

·止痒。一般性的虫咬皮炎的处理主要是止痒，可外涂虫咬水、复方炉甘石洗剂，也可用市售的止痒外涂药物。宝宝一旦被蚊虫叮咬后，应立即擦上治疗蚊虫叮咬的药水。

·防抓挠。父母要监督宝宝洗手，剪短指甲，谨防宝宝抓挠被叮咬处，以防止继发感染。

·防感染。宝宝被蚊虫叮咬后，因抓挠等原因而发生局部感染、红肿，还会出现脓性分泌物，这时可遵医嘱给宝宝内服抗生素消炎，同时及时清洗被叮咬的局部，涂抹红霉素软膏等。

·送医治疗。对于症状较重或有继发感染的宝宝，如果出现了发烧、意识不清等严重症状时，就需要立即就医治疗。

智能开发与训练

2个月的宝宝已经能够感受到父母深切的爱意了，与前一个月比起来，宝宝醒着的时间长了许多，做父母的可以在这段时间让你的宝宝快乐地玩耍和学习。

模仿宝宝的表情

父母可以去刻意模仿宝宝的动作与表情，他同样会因此而兴奋不已。反过来，假如父母做了一些夸张的动作，宝宝也能学得惟妙惟肖。宝宝通过模仿大人的表情，慢慢了解不同的心情是用不同的表情表现出来的。他们像大人一样微笑时，觉得自己很高兴。他们在模仿大人的各种表情时，大人的脸部表情不仅反映着自己的情绪，而且确确实实对宝宝有一定的影响。婴儿期的宝宝就拥有了这类感知能力。父母是宝宝的直接模仿对象，宝宝经常密切的观察和模仿自己的父母，以他们的行为举止为榜样，所以父母要把愉悦的情绪和积极的生活态度慢慢地传达给宝宝。

重复宝宝的发音

这个时期的宝宝是个观察者，他能用眼睛盯着父母所指的事物并把眼光落在这个事物上。当他看到父母用舌头、嘴唇发出声音时，会模仿他们自发地发出一些无意识的单词，如"呀、啊、呜"等。对于宝宝咿呀学语发出的呢喃声，父母要尽可能地去模仿。因为这样的回应会使宝宝很兴奋，就像拿到了一个新玩具一样。为了得到应答，宝宝会更积极的学发声。模仿时，父母与宝宝面对面，仔细倾听并重复宝宝发出的声音，将他发出的声音立刻转换成字，如将"啊"变成妈妈，每发一次重复音节就停顿一下，给宝宝模仿的机会。

带给宝宝欢乐的音乐

第2个月宝宝的听觉进一步增强，而且对音乐产生了浓厚的兴趣。如果每天在宝宝情绪好的时候，放一些轻音乐，可以增添宝宝的欢乐情绪，使宝宝的大脑活动增强，促进其智能的发育。这个月的宝宝是很少挑剔音乐的。不论你选择的是主流音乐、流行音乐还是古典音乐，宝宝都会喜欢。不过，用不了多久，宝宝听音乐的表情会很快让你明白哪些是

他最喜爱的。你也可以利用音乐盒，尤其是有视觉吸引力的音乐盒更好。还可以使用音乐玩具，尤其是集视觉、听觉和运动于一身的玩具更好。由于宝宝毕竟还小，对不同分贝的声音辨别能力还很差，所以你要随时注意宝宝对音乐的反应，不要给宝宝播放很复杂或变化较大的音乐，不要离宝宝太近，也不要太响，以免刺激宝宝引起惊吓。如果某种音乐使宝宝显得烦躁甚至惊吓，就应把音乐关掉。

锻炼眼睛的灵活性

2个月的宝宝，视觉能力会进一步增强，两眼的肌肉已能协调运动，而且能够很容易地追随移动的物体。锻炼时，妈妈可以拿着玩具沿水平或上下方向慢慢移动，也可以前后转动，鼓励宝宝用视觉追踪移动的物体，或者抱着宝宝观看鱼缸里游动的鱼或窗外的景物。妈妈爸爸在和宝宝说话的时候，也要有意识地移动头部，让宝宝的眼睛追随妈妈爸爸的脸庞，使宝宝眼睛的灵活性随时得到锻炼。如果宝宝经常自己一个人躺在一边没人理睬，对宝宝的要求也不主动理解，没有哄逗，将会影响宝宝的心理发育，不仅宝宝的表情会显得呆板，而且宝宝的反应也会相对迟钝。

🌸 抓握能力的训练

　　手的动作是小肌肉群的活动。2个月的宝宝能拿住放在他手里的东西，3个月时，当手触到玩具时，偶尔能抓住。此时，大人可用带响声、色彩鲜艳的玩具，如摇铃、响圈儿等，训练宝宝的抓握动作。开始可将玩具放在宝宝手中让他握住，逐步地再用玩具的声音和色彩逗引他注意，同时触碰他的手，吸引他去抓握，每天可做多次练习，通过手的动作来发展宝宝最初的感知、认识事物的能力。记住，让宝宝的手做抓握练习时，摇晃的幅度不要大，以免引起不必要的意外。

🌸 和宝宝玩手套游戏

　　手套游戏有助于促进宝宝的视觉与触觉发育。把煮过的橡皮手套擦干，在每个手指和手掌中都塞满剪碎的泡沫塑料，把塞鼓了的手套吊在宝宝能看到之处，父母帮助宝宝的手去摸吊起的手套。宝宝很喜欢手，父母的手能满足宝宝各种需要，通过父母的手，宝宝也会想方设法地去摸橡皮手套并接近它，但宝宝还不能很顺利地摸到它。这时父母可以拿手套的任一个手指去碰宝宝的手心，让他能紧紧握住其中一个手指。妈妈可再把棉线织的手套洗净，用泡沫塑料塞鼓，把橡皮手套换下来，让宝宝握到用棉线织的手套，使宝宝感受到粗糙的棉线与细滑的橡皮完全不同的手感。

♥ 专家指导

玩具与游戏的作用

　　在宝宝的能力培养和训练中，玩具和游戏起着决定性的作用，爸爸妈妈一定要抽出时间来和宝宝做互动游戏，在玩耍中拓展宝宝的能力。

本月宝宝智能发育测试

这个月智能开发的要点，就是刺激宝宝的感觉器官。那么成效如何呢？

❀ 大动作

注视自己的手。宝宝仰卧时，在手臂能自由活动的前提下，若宝宝能注视眼前自己的手5秒以上，表明宝宝达到2个月智能发育标准。

❀ 精细动作

把小手放进嘴里。让宝宝仰卧，让手臂能自由活动，如果宝宝能主动将手放进嘴里，表明宝宝达到2个月智能发育标准。

❀ 认知能力

追视玩具超过90°。让宝宝仰卧，在距宝宝视线20厘米处摇动一红线球，然后慢慢将球由一侧经过中央移向另一侧。若宝宝眼或头随红球转动大于90°，表明宝宝达到2个月智能发育标准。

❀ 言语交流

会发单个韵母。面对宝宝，用丰富的表情和亲切的语言逗引他，如果宝宝会发出a、o、e等音，表明宝宝达到2个月智能发育标准。

❀ 情绪与社会行为

·笑出声音。用玩具或语言逗引宝宝，但不要接触其身体。如果宝宝能发出"咯咯"的笑声，表明宝宝达到2个月智能发育标准。

·天真快乐的反应。让宝宝处于仰卧状态，家长站在宝宝面前，不要逗引宝宝，观察他的表现。如果宝宝见人能自动微笑、发声或挥手蹬脚、表现出快乐的表情，则表明宝宝达到2个月智能发育标准。

第四章

2～3个月：在相互的交流中成长

　　第3个月的宝宝，整个身体都长胖了，具有了婴儿的体型。会发出特别的声音，看到熟悉的人，会笑得像朵花儿似的。双手可以伸出来触摸东西，这也让宝宝觉得很满意，一时起兴，还会"手舞足蹈"起来。这时候的宝宝已经是个很有反应力、很有个性的小人儿了。

本月身体发育特点

这个月是宝宝生长发育的重要阶段，身体的各种功能都开始快速发育，宝宝的体重出现了不可思议的显著增加，大多数宝宝的体重都会达到刚出生时的2倍。

身高

这个月男宝宝平均身长约为61.6厘米，女宝宝平均身长约为59.9厘米。前3个月婴儿身高每月平均增加3.5厘米。虽然身高是逐渐增长的，但是，并不一定都是逐日增长的，也会呈跳跃性。

体重

这个月的男宝宝平均体重约为6.0千克，女宝宝平均体重约为5.4千克。这个月宝宝体重可增加900～1250克，平均体重可增加1千克。这个月应该是宝宝体重增长比较迅速的一个月。平均每天可增长40克，在体重增长方面，并不是所有的宝宝都是渐进性的，有的呈跳跃性。

头围

这个月男宝宝平均头围约为41.2厘米，女宝宝约为39.4厘米。头颅的大小是以头围来衡量的，头围的增长与脑的发育有关。月龄越小头围增长速度越快，这个月宝宝头围可增长约1.9厘米。

囟门

前囟和上个月比较没有很大变化。前囟依然是平坦的，可以看到和心跳频率一样的搏动，这是正常的。囟门大小也有个体差异，有的宝宝囟门很小，仅仅1厘米×1厘米大，有的宝宝囟门就比较大，可达3厘米×3厘米。

🌸 喜欢看多彩的图片

这个月的宝宝颜色视觉已经有了很大的发展，到了近3个月，颜色视觉基本功能已经距离成人很近了。宝宝对颜色的偏爱程度依次是，红、黄、绿、橙、蓝。父母不要认为刚刚出生两三个月的宝宝对颜色的认识能力是很差的，而不给宝宝看多彩的图案，这会削弱宝宝这个时期视觉能力的进一步发展。相反，父母要利用不同的颜色锻炼宝宝的色觉能力。

🌸 能够区别不同的语音

这个时期的宝宝已经能够区分语音和非语音了，对音乐的感知能力也是父母难以想象的。早在胎儿期，宝宝就已经表现出喜欢音乐而讨厌噪声。当听到悦耳的音乐时，腹中的胎宝宝就会比较安静；当遇到噪声时，腹中的胎宝宝会出现乱动情况。有研究证明，准妈妈在孕期时，如果居住区有施工现场，出生后的孩子会爱哭，显得易烦躁。

🌸 可以发单音

3个月是宝宝简单发音阶段，这个月的宝宝，已开始有了积极的表现，妈妈可以听到宝宝舒服、高兴时的发音。例如"阿""哦""噢"等，宝宝越高兴发音就越多，所以要给宝宝创造舒适的环境，让宝宝在好的情绪中不断练习发音，这是语言学习的开始。

🌸 对刺激性气味有了轻微的反映

3个月的宝宝嗅到有特殊刺激性气味时会有轻微的受到惊吓的反应，慢慢地就学会了回避不好的气味，如转头。人类的嗅觉能力没有动物发达，出生后没有经过特意的训练而使其逐渐萎缩是一方面原因。

宝宝进入婴儿期

3个月的宝宝已经完全脱离了新生儿的特点，进入婴儿期。婴儿期的表现为：宝宝的眼睛变得有神了，能够有目的地看东西了。宝宝的皮肤变得更加细腻，有光泽，弹性好，脸部皮肤变得干净，奶痂消退，湿疹减轻，但也有的宝宝反而加重。

肢体活动频繁

这时候的宝宝肢体活动频繁，力量增大，学会了踢被子，爸爸妈妈给宝宝盖上被子后，宝宝会迅速踢掉，这让爸爸妈妈无可奈何。宝宝几乎可以自己抬头了，俯卧位时能够用两前臂把头支撑起来。把带把儿的小玩具放到宝宝手中，宝宝能够抓住了，但还不会主动张开手指抓玩具。

喜欢外面的世界

3个月的宝宝对外界的反应会更加强烈，他会更加喜欢到亮的地方去，如果被抱到室外，他会非常高兴。爸爸妈妈和周围的人逗他时，他会出声地笑，有时他会发出一连串的笑声。

头部发育基本完善

后囟门在宝宝头的后部正中，呈三角形。宝宝在刚出生时，后囟门很软，还没有闭合。一般在宝宝出生后2～3个月时开始闭合。宝宝后囟门的闭合，标志着宝宝头部发育趋于完善，这也是宝宝脑细胞发育第二个高峰期的到来。

科学的营养饮食

这个月的饮食营养与上个月差不多，不过妈妈在给宝宝补充营养的同时，还要灵活掌握喂奶的时间，并记住给宝宝及时补水。

3个月宝宝的母乳喂养

之前吃奶较多的宝宝，本月喂奶间隔的时间会变长。一过3个小时就饿醒、哭闹的宝宝，现在即使过4个小时甚至更久也不会醒，这说明宝宝的胃可以存食了，所以，妈妈要注意，决不要因为喂奶时间到了就叫醒宝宝，这样会影响宝宝的休息。这个时期，有的妈妈可能会出现母乳逐渐减少的情况，如果宝宝体重增长速度下降，变得爱哭、夜里醒来哭闹的次数增多，那么此时可加喂一次牛奶试试。

合理增加牛奶量

此时的宝宝食欲旺盛，如果按照宝宝的欲望不断增加牛奶量则有可能过量，继续加下去就会过分肥胖，体内积存不必要的脂肪，加重心脏、肾脏和肝脏的负担。虽然吃母乳的宝宝也有肥胖的，但由于母乳易于消化，不会加重肝肾负担。为了不使宝宝过胖，这时牛奶的日用量应限制在900毫升以下，如一天喂6次，每次不宜超过150毫升。

> **专家指导**
>
> ### 给妈妈提供富有营养的产后膳食
>
> 这个时期，通过具体分析宝宝的整体营养状况来判断是否需要补钙和补铁，尤其要注重给妈妈准备富有营养的产后膳食，以便给宝宝提供优质的乳汁。

营养素促进宝宝长高

·蛋白质。蛋白质是构成各种组织器官的生命物质，如肌肉组织、内脏、大脑组织以及其他许多重要组织，也是生命的基础。因此，选择高蛋白食物如瘦肉、鱼类、牛奶、大豆、鸡蛋等无疑是非常重要的。

·矿物质。钙、磷、镁等矿物质是构成骨骼架构的最基础元素，有资料表明，骨骼中2/3的矿物质中有99%是由以上三种矿物质构成的。因此，充足且适当的矿物质补充，有助骨骼生长。

·脂肪酸。身高的变化是生长发育中重要的指标之一，只要宝宝不太胖，就没必要严格限制宝宝选择脂肪性食品。但应多选择天然的含必需脂肪酸高的食品，如鱼类、鸡蛋类等，建议不要过多吃仅含高油脂的食品，如奶油、牛油等。

·维生素。别看这个家族的成员繁复，却对宝宝的成长发育有平衡补充的作用，这个家族中维生素A、B族维生素、维生素C等，尤其对宝宝的营养均衡，保持肌体活力，促进骨骼发育起着加速度的作用。

妈妈感冒时的喂养

大多数病症只要妈妈恰当处理，都不会成为放弃母乳喂养的原因。当母体出现感冒、流感时，母乳中已经制造免疫因子传输给宝宝，宝宝感染发病的可能性较小。为了减少药物对母乳的影响，可以在吃药前哺乳，吃药后半小时以内不喂奶，同时注意多饮水，补充体液；妈妈感冒时要注意少对着宝宝呼吸，可以戴口罩以防止传染。为了宝宝的身体健康，经常接触宝宝的人都应该注意卫生，勤洗手。

精心的日常呵护

在这个月中，爸爸妈妈护理的重点依然是睡眠、清洁、排泄、穿着等问题，同时由于现在宝宝可以外出了，所以也要格外注意外出时宝宝的安全问题。

养成规律的睡眠习惯

随着宝宝的一天天长大和睡眠时间的逐渐减少，帮宝宝养成有规律的睡眠习惯就显得十分重要。所谓有规律的睡眠习惯就是按时睡、按时醒，睡时安稳、醒来情绪饱满，并可以愉快地进食和玩耍。这种有规律的睡眠习惯，不但有利于宝宝的身体发育，而且还有利于宝宝神经系统和心理的发育。每个宝宝都有不同的睡眠习惯，妈妈或爸爸应该在护理中找出适合自己宝宝的规律，验证这个规律确实对宝宝的健康发育有利之后，按照这个规律坚持实行，不能任着宝宝的小性子说变就变，宝宝经过一段时间的适应之后，良好的睡眠习惯自然而然便形成了。在培养宝宝有规律的睡眠习惯中，有一条比较重要的内容，那就是培养宝宝躺床睡觉的好习惯。

培养自然入睡的习惯

在这个月时，爸爸妈妈最好不要哄宝宝睡觉，尽量让宝宝自然入睡。这样可以养成宝宝自然入睡的好习惯，以免以后出现睡眠问题。即使出现了一些睡眠问题，爸爸妈妈也不要着急，着急的后果会使宝宝的睡眠问题更加严重。宝宝哪一天睡得少了、哪一天晚上不好好睡了、睡醒后哭闹了等，如果父母过于干预、着急、焦虑，会使宝宝产生不良反应，还会产生对父母的依赖。因此，对于宝宝偶然出现的睡眠问题，可以先进行冷处理，让宝宝有自己的调节空间。

🌸 保护好宝宝眼睛

宝宝的眼睛十分娇嫩、敏感，极易受到各种伤害，因此需要小心保护，保护宝宝的眼睛应做到以下几点。

·眼部清洁，防止感染。宝宝应有专用的毛巾和脸盆，并保持清洁。每次洗脸时，可先擦洗眼睛，如果眼屎过多，应用棉签或毛巾沾温开水轻轻擦掉。

·宝宝的手要保持清洁，不要让宝宝用手去揉眼睛，发现宝宝患眼病，要及时治疗。

·防止强烈阳光或灯光直射宝宝眼睛，宝宝室内的灯光不宜过亮，到室外晒太阳时，要戴遮阳帽以免阳光直射眼睛。

·防止锐利物刺伤眼睛及异物入眼，宝宝的玩具要没有尖锐棱角的。要预防沙尘、小虫等进入眼睛。一旦发生异物入眼，可滴1滴眼药水刺激眼睛流泪，将异物冲出来。如果不见效，应及时就医。

🌸 注重耳朵的护理

听觉功能，是语言发展的前提。如果耳朵听不到声音，就无法模仿语音，因而也就无法学会语言。为此，必须在以下方面加以注意。

·慎用药物。链霉素、青霉素、卡那霉素、庆大霉素等都是能够引起听觉神经中毒的抗生素，这些药物可以导致耳聋，即使非用不可，也应按医生的嘱咐少用。

·防止疾病发生。麻疹、流脑、乙脑、中耳炎等疾病都可能损伤婴儿的听觉器官，造成听力障碍。因此，要按时接种预防这些传染病的疫苗。

🚲 育儿小百科

宝宝听觉器官发育还没有完善，外耳道短、窄，耳膜很薄，不宜接受过强的声音刺激。各种噪声对宝宝都不利，会损伤宝宝柔嫩的听觉器官，降低听力，甚至会引起噪声性耳聋。

选用舒适的睡衣

为了方便换洗，妈妈要给宝宝准备2～3套替换睡衣，最好是上下身成套的，夏天可以穿纱质的短袖睡衣，其他季节可以穿针织的长袖睡衣。此外，这个月的宝宝相比新生儿期睡相更不安分了，被子常会被踢开，所以，天冷时可以考虑给宝宝用睡袋，以免宝宝着凉。

不宜穿的太多、太厚

到了第3个月，宝宝饮食渐渐增加了，运动量也逐渐增加，体内所产生的热量也多了起来。对于这个时期的宝宝来说，运动是发育所必不可少的，运动可以带动宝宝全身各方面的发育。因此，妈妈要注意，给宝宝穿衣时穿得不宜太厚，以利于宝宝活动起来不易出汗，这样，运动停下来时也就不易着凉。在宝宝的日常护理中，最重要的是根据具体情况及时给宝宝增减衣服。比如，当傍晚气温急剧下降，或阴天下雨时，就应给宝宝换上一件比白天和平时稍厚的衣服，如果宝宝热得出了汗，就应给宝宝适当地脱掉一些衣服。

让宝宝多接触大自然

3个月以后的宝宝，如果天气晴朗，妈妈不妨抓住这个有利的时机，多带宝宝接触大自然。每天可以带宝宝出去2次，每次活动1小时左右，时间可安排在每天上午9-10点、下午3-4点较好。但什么时候进行户外空气浴，要根据宝宝睡眠和吃奶习惯灵活掌握。如果宝宝正好上午9-10点困了，就不要带宝宝出去了，一定要在宝宝高兴，精神状态好的时候进行户外活动。

感受户外自然界的事物

宝宝总是那个最不乐意每天窝在家里的人，只要天气适宜，爸爸妈妈就应该带宝宝到户外活动，接受阳光的爱抚，与大自然亲密接触。宝宝到户外已不再单纯是为了晒太阳、呼吸新鲜空气、增强体质了，所以，爸爸妈妈不要把宝宝带出去后就一直放在婴儿车里，或抱在怀里。此时宝宝已经具备了相当的视觉能力。要告诉宝宝，这是红花，那是绿叶，让他用小手触摸一下，感知一下，让看到的、摸到的、闻到的，经过大脑进行整合，立体感受自然界的事物。宝宝嘴里发出声时，要积极地和他交流，这会刺激他发音的积极性，发出更多的声音来。慢慢地，宝宝就会把听到的声音记忆下来，并和看到的联系起来，当再次看到它时，就会想起它的发音，这就是语言学习的开始。

专家指导

特殊天气不要带宝宝外出

初春季节，气候不是很稳定，要注意随时加减衣物。如有扬沙天气，就不要带宝宝去户外了，否则空气中的悬浮物会刺激到宝宝的呼吸道。大风天气也不要带宝宝外出。避免让宝宝淋雨？春季的雨水淋在身上还是比较凉的，会使宝宝感冒。

适合宝宝的户外衣物

为宝宝选购一两套连体衣，面料最好是防水布或尼龙布。一般情况下，选购单衣就可以了，特别冷的冬季可以考虑穿连体滑雪服。这种衣服不仅让宝宝看上去更神气，而且能把衣服裤子全部保护起来，确保不被弄脏、弄湿。连体衣比较贴合身体，方便宝宝活动，并且不会在宝宝玩要时发生上下身衣服脱节的情况，保证小肚皮不受凉。

❀ 用心·给宝宝爱的抚摸

妈妈对宝宝的抚摸是一种表现母爱的行为，但是，它所起到的作用，却大大超过母爱，它对宝宝的身体、精神的发育大有好处。

♥ 抚摸稳定宝宝情绪

宝宝有时会莫名的心情不好，或者哭闹不止，或者一直发脾气，看上去烦躁不安。这时，妈妈可以将宝宝抱起，正面趴在妈妈的身上，一手托住宝宝的屁股，一手抚摸宝宝的背部。可借抚触来稳定宝宝情绪。

♥ 抚摸增加宝宝食欲

抚触能够刺激消化功能，促进宝宝消化吸收，同时还有诱发排便，促进排泄等效果，既可增进宝宝食量，又不会引起腹胀及消化不良，使宝宝发育得更好。

♥ 抚摸增强宝宝免疫力

抚触能够促进宝宝血液循环，加速新陈代谢，提高宝宝的免疫能力。实践证明，经过抚触的宝宝其耐寒力和抵抗力均较未经过抚触的宝宝强，尤其是在冬天，抚触还能减少宝宝感冒、腹泻等疾病的发生概率。

❀ 爱抚宝宝的方法

保持房间温度要在25℃左右，还要保持一定的湿度。并且，居室应保持安静、清洁，可以播放一些轻柔的音乐，营造愉悦氛围。最方便做抚触的时候是在宝宝沐浴后，在做抚触前，妈妈应先温暖双手，倒一些婴儿润肤油在掌心，这样妈妈很容易用手蘸取，注意不要将油直接倒在宝宝皮肤上。妈妈双手涂上足够的润肤油，轻轻在宝宝肌肤上滑动，开始时轻轻按摩，然后逐渐增加压力，让宝宝慢慢适应按摩。

疾病的预防与护理

在这个月，爸爸妈妈除了要给宝宝按时接种疫苗、及时进行全面体检之外，还要注意一些危害宝宝身体健康的疾病。

及时接种疫苗

3个月的宝宝需要注射第一针百白破三联疫苗。父母要注意注射三联疫苗的时间以及宝宝不宜接种此疫苗的特殊情况，了解宝宝在打三联针后的反应及护理要点。

注射百白破三联疫苗

百白破三联疫苗是由白喉类毒素、百日咳菌苗和破伤风类毒素按适当比例配置成的，用来提高对白喉、百日咳、破伤风三种疾病的抵抗能力。接种后，它们各自发挥其免疫作用。注射后，百日咳抗原成分刺激人体产生具有凝集、中和与杀灭百日咳杆菌的各种抗体，能抵抗百日咳感染而不发病；白喉和破伤风类毒素可以使人体产生相应的抗毒素，通过抗毒素中和白喉、破伤风杆菌产生的外毒素。这种疫苗一般是肌肉注射，注射部位可在上臂三角肌附着处，也可在臀部。三联针对破伤风的预防效果最好，抗体可维持10～15年时间，保护率可达95%以上。

接种疫苗后的症状与护理

接种百白破三联疫苗后，宝宝可能会有轻微的发热，如发热未超过39℃，无抽筋等严重反应，可不要处理。经过2～3天即可自愈。该疫苗接种的局部可能出现红肿，持续一段时间后也会逐渐消失。第一针注射后宝宝的体温升到39.5～40℃，或有抽搐，则不宜接种第二针。若全身反应较重，应及时到医院进行诊治。

做好充分的体检准备

日常生活中，爸爸妈妈最好能记录下来宝宝每天的吃奶次数及每次的奶量，添加维生素D和钙的时间、添加菜汁、果汁的时间等；还应注意记录宝宝身体发展情况，如宝宝会笑出声的时间、抬头的时间、发出单字的时间、伸手抓玩具的时间等；如果发现宝宝有异常的情况，家长要及时记录发生的时间、部位、变化等，并写出需要咨询的问题，这样到体检时就会有的放矢了。父母在给宝宝体检之前必须做好充分的准备，把发现的问题或想要咨询的问题一一记录下来，然后带上新生儿体检记录、宝宝历次体检记录、疫苗接种记录、疾病就诊记录去给宝宝进行身体检查，医生就能够很清楚地了解宝宝的生长发育情况了，父母也能得到切实的医学指导。

宝宝体检的项目

在给宝宝进行全面身体检查时，首先医生会询问宝宝的喂养方式、奶量、断奶时间、辅食添加的情况以及相关的情况，还会询问疫苗接种和疾病情况，如呼吸道感染、腹泻、贫血、佝偻病、湿疹、药物过敏等。给宝宝做体检时，检查的项目有测头围、胸围、身高，称体重，对宝宝进行视觉、听觉、触觉等测试。还要进行一些必要的项目检查，医生会摸摸宝宝的脖子，看有无斜头、淋巴结肿大的状况，听听宝宝的心跳速度及心律是否在正常范围，以及有无杂音，检查宝宝有无疝气。男宝宝检查阴囊有无水肿，女宝宝检查大阴唇有无鼓起或有无分泌物，并追踪有无髋关节脱位的状况等。

🌼 预防宝宝肥胖的方法

宝宝肥胖会给今后患肥胖症、高血压、胆囊炎和糖尿病等疾病埋下祸根。这时，做父母的就应该注意不要盲目喂养，以免宝宝营养过剩导致肥胖。

🖤 导致肥胖的原因

胖宝宝现象很常见，肥胖带给宝宝很大的健康隐患，不但不利于宝宝的生长发育，而且宝宝的智力也会受到影响。小儿肥胖症的成因是多种因素综合作用造成的结果。肥胖宝宝中的约98%是单纯性肥胖，且属于喂养不当。例如在怀孕后期，准妈妈摄食过多，宝宝过早断奶，过早添加辅食和主食，肉食中所含有的糖、蛋白质和脂肪量过多，而又过度让宝宝睡眠，未能消耗的剩余能量便会转化成脂肪藏于皮下，从而造成肥胖。

🖤 专家指导

不要给宝宝吃甜食

宝宝生长发育阶段需要糖的供应，但对肥胖宝宝要减少糖类的摄入。宝宝对糖并没有需求，过早地让宝宝吃甜食，可能会造成宝宝日后偏爱甜食的习惯，不仅会造成热量积聚，而且对口腔保健也不利。

🖤 预防宝宝肥胖

现在大部分妈妈都选择奶粉喂养。由于宝宝对饱胀不是很敏感，所以就会出现"喂就吃"的现象，而很多家长就认为宝宝是饿了才吃，因此就增加了喂食量，由此导致宝宝过度肥胖。而母乳喂养一般不会出现这种情况，母乳的分泌量与宝宝各个时期的需求是基本一致的，因此不会出现过度喂食的情况。坚持母乳喂养不少于4个月，是预防宝宝肥胖的有效途径。

🌸 宝宝碘缺乏的防治

碘是影响人智力发育的重要微量元素，人体缺碘会造成不同程度的损害，易发生碘缺乏病，乃至残疾。碘缺乏病的危害十分严重，涉及地域广，威胁人口多，特别是对新婚育龄妇女、准妈妈、婴幼儿的危害更为突出。

💗 碘缺乏的主要表现

婴儿期碘缺乏可能会引起克汀病，表现为智力低下，听力、语言和运动障碍，身材矮小，上半身比例大，有黏液性水肿，皮肤粗糙干燥，面容呆笨，两眼间距宽，鼻梁塌陷，舌头经常伸出口外等。幼儿期碘缺乏则会出现甲状腺肿大，俗称粗脖子病。患儿生理功能低下，表现为精神、食欲差，不善活动，安静少哭，嗜睡、低体温、怕冷、腹胀、便秘等。

💗 碘缺乏的危害

碘元素是智力元素，碘缺乏最为严重的危害就是造成宝宝脑发育不良，造成不同程度的智力损害，而且这种损害在宝宝出生后至2岁前如果没有发现，之后是很难弥补的。碘作为合成甲状腺激素的必要性关键营养元素，如果缺乏，人体合成甲状腺激素的量就会减少或不足，从而会导致新陈代谢紊乱。由于碘对宝宝的神经系统、骨骼生长、智力发育具有至关重要的作用，如果缺乏将导致不同程度的智力损害、弱智或智力残疾，所以，家长们一定要引起注意并及时发现和及早防治。

💗 给宝宝正确补碘

虽然现在已实施全民食盐加碘防治碘缺乏病，但宝宝不可能从食盐中摄取碘。所以妈妈要注意多吃一些含碘较高的食品，如海带、海鱼、菠菜等。对于不进行母乳喂养的宝宝来说，最安全、有效、方便，能够促进和改善宝宝智力健康发育的补碘方式是从饮用水中摄取。

宝宝缺铁性贫血的防治

缺铁性贫血是由于体内铁缺乏致使血红蛋白减少引起的。在婴幼儿期发病率最高，对宝宝健康和智力发育危害较大。

导致缺铁性贫血的因素

·生长发育快。婴幼儿期生长发育最快，3～5个月时约为初生体重的2倍，1岁时体重约为初生时的3倍。早产儿体重增加更快。随着体重的增加，血容量也快速增加，如不添加含铁丰富的食物，婴儿尤其是早产儿很容易缺铁。

·铁摄入不足。人乳中铁约50%可被吸收，牛乳中铁吸收率约为10%。正常足月宝宝从母体储存的铁可足够供应生后3～4个月造血的需要。如果生后不及时补充，缺铁是不可避免的。

·铁丢失过多。正常婴儿每天排泄铁比成人多。此外，慢性腹泻、反复感染均可影响到人体对铁的吸收和利用，促进贫血的发生。

缺铁性贫血的危害

缺铁性贫血表现为面色苍白、乏力、不爱活动、食欲下降、常呕吐、腹泻并可能出现口腔炎、舌炎、胃炎和消化不良等症状。缺铁影响宝宝智力发育，表现为烦躁不安、精神不振，较大儿童精神不集中、记忆力减退。身体抵抗力下降，容易感染疾病。

防治缺铁性贫血的方法

防治缺铁性贫血，应提倡母乳喂养，及时添加含铁丰富且容易吸收的辅助食品，如肝、瘦肉、鱼等。注意膳食合理搭配。对于早产儿，从生后2个月开始用铁剂预防，6个月以后应定时查血红蛋白，贫血应及时找医生治疗。一般用硫酸亚铁、富马酸亚铁、葡萄糖酸铁等，按医生嘱咐服药。两餐之间服铁剂最好，可减少胃肠刺激，同时服用维生素C可促进铁的吸收。

🌸 重视宝宝的夜啼

不少宝宝白天好好的，可是一到晚上就烦躁不安，哭闹不止，人们习惯上将这些孩子称为"夜啼郎"。这是婴儿时期常见的睡眠障碍。

💗 生理性哭闹

宝宝的尿布湿了或者裹得太紧、饥饿、口渴、室内温度不合适、被褥太厚等，都会使宝宝感觉不舒服而哭闹。对于这种情况，父母只要及时处理不良刺激，宝宝很快就会安静入睡。

💗 环境不适应

有些宝宝对自然环境不适应，黑夜白天颠倒，父母白天上班他睡觉，父母晚上休息他"工作"。此时若将宝宝抱起和他玩，哭闹即止，对于这类宝宝，必要时需请儿童保健医生作些指导。

💗 白天睡得过多

对宝宝生物钟日夜颠倒的现象要逐步纠正，妥善安排生活秩序，白天不要让宝宝的睡眠次数过多、时间过长，宝宝醒时要充分利用声、光、语言等刺激，逗引他，延长清醒时间。晚上则要避免其过度兴奋而不入睡或产生夜惊，要改掉半夜再吃一顿的习惯。

💗 疾病的影响

一些疾病也会影响到宝宝夜间的睡眠，对此，要从原发疾病入手，积极防治。患佝偻病的宝宝夜间常常表现得烦躁不安，家长哄也不管用。有的宝宝半夜三更会突然惊醒，哭闹不安，表情异常紧张，这大多是白天过于兴奋或受到刺激，日有所思，夜有所梦导致的。此外，患蛲虫病的宝宝，夜晚蛲虫会爬到肛门口产卵，引起皮肤奇痒，宝宝也会烦躁不安，啼哭不止，家长要及时带宝宝就医。

智能开发与训练

爸爸妈妈不仅仅要把宝宝养大，还要把他培养成人，让宝宝在身体和能力方面都能得到健康的发展。这就需要爸爸妈妈从小就开始进行点滴的培养和训练。

宝宝发音的训练

当爸爸妈妈逗宝宝时，宝宝会非常高兴并发出欢快的笑声，当看到妈妈时，宝宝脸上会露出甜蜜的微笑，嘴里还会不断地发出"咿呀"的学语声，似乎在向妈妈说着知心话。此时，宝宝能发出较多的自发音，并能清晰的发出一些元音，妈妈和爸爸可以利用这个机会培养宝宝的发音，在宝宝情绪愉快时多与宝宝说笑。有时宝宝哭个不停，当宝宝哭泣时，妈妈可以轻轻地抱起宝宝，用手指在他(她)的嘴上轻拍，让宝宝发出"哇、哇、哇"的声音，也可以将宝宝的手放在妈妈或爸爸的嘴上，拍出"哇、哇、哇"的声音。这些都可以作为宝宝发音的基本训练，使宝宝感受到多种声音、语调以促进宝宝对语言的感知能力。

与宝宝互动

当宝宝感到寂寞不安而哭闹时，妈妈要走到床边，和宝宝说说笑笑。这时，宝宝立即会被妈妈的情绪所感染，高兴得踢腿、伸腰、举手，一边笑一边和妈妈"喔""依""呀"地说话，这时妈妈要热情地应答，激发他快活的情绪，这是母子交流最好的方式。这是对宝宝初始的发音训练，把自己的声音同听到的声音联系起来，使宝宝对外界的语言刺激更为敏感。

提高辨别声源的能力

可选择不同旋律、速度、响度、曲调或不同乐器奏出的音乐，发声玩具发出的声音，或改变对宝宝说话的声调来训练宝宝分辨各种声音。当然，不要突然使用过大的声音，以免使宝宝受到惊吓。宝宝玩时，爸爸妈妈在宝宝的左边、右边、上边、下边、前后等处摇铃或发出其他的响声，让宝宝辨别声音从何处发出。听觉发育好的宝宝能将头转

向声源方向；发育不太好的宝宝经过多次训练以后，也能正确地辨别声源。训练时注意声音要由近及远，逐日推移。

妈妈的声音宝宝最喜欢

妈妈的声音是宝宝最喜爱听的声音之一。妈妈用愉快、亲切、温柔的语调，面对面地和宝宝说话时，可吸引宝宝注意成人说话的声音、表情、口形等，诱发婴儿良好、积极的情绪和发音的欲望。所以妈妈要多和宝宝说话、交流。

训练宝宝的追视能力

父母要有意识地训练宝宝视觉集中的能力和对事物的追视能力。视觉集中能力要从新生儿期就开始训练。可在距宝宝眼睛约60厘米的地方悬挂一些色彩明艳的物体，并注意定时调整方位，训练宝宝把目光集中在某一物体上的能力。训练追视能力可用颜色鲜艳、有声音、能运动的物体吸引宝宝的注意，训练他用目光追视物体并随物体的移动而移动，也可跟宝宝玩藏"猫"的游戏，即大人用衣物或毛巾遮住脸，或是躲在他人身后，让宝宝追视寻找。

侧翻的训练方法

·转侧练习。用宝宝感兴趣的发声玩具，在宝宝头部左右侧逗引宝宝，使宝宝头部侧转注意玩具。每次训练2~3分钟，每日数次。这可促进颈肌的灵活性和协调性，为侧翻身做准备。

·侧翻练习。宝宝满月后，可开始训练侧翻动作。先用一个发声玩具，吸引宝宝转头注视，然后，父母一手握住宝宝一只手，另一只手将宝宝同侧腿搭在另一条腿上，辅助宝宝向对侧侧翻注视，左右轮流侧翻练习，以帮助宝宝感觉体位的变化，学习侧翻动作。每日2次，每次侧翻2~3次。

宝宝抬头的练习

·俯卧抬头。使小宝宝俯卧，两臂屈肘于胸前，父母在宝宝头侧引逗宝宝抬头，开始训练，每次30秒钟，以后可根据宝宝的训练情况逐渐延长至3分钟左右。

·坐位竖头。将宝宝抱坐在成人一只前臂上，宝宝的头背部贴在成人前胸，父母一只手抱住宝宝的胸部，使宝宝面前呈现广阔的空间，能注视到周围更多新奇的东西，这可激发宝宝兴趣，使宝宝主动练习竖头。

宝宝手部动作训练

在宝宝手腕部系上铃铛或红色手帕、鲜艳的手镯，来吸引宝宝对手部的感知，帮助他感知手的存在、体验手的动作。可隔一段时间变换一种系法，看看宝宝是否能注意到这些变化。脱下手镯、红绸带让宝宝瞧瞧、摸摸，让他感觉一下这些东西与手部动作的关系。还可让宝宝仰卧，将一块布或手绢盖在他的脸上，也可只盖住宝宝一只眼睛，开始时可抓住宝宝的上臂引导他并帮他试着用手移开布，然后逐渐减少帮助，使他自己将布从脸上移开。

❀ 宝宝扭扭操

让宝宝平躺，握住宝宝双脚，将左脚抬起，交叠于右脚上，此时宝宝的腰部应该微微扭转，恢复平躺，再换右脚交叠于左脚上，如此左右重复各10次。

❀ 宝宝屈腿运动

两手分别握住宝宝的两条腿腕，使宝宝两腿伸直，然后使宝宝两腿同时屈曲，使膝关节尽量靠近腹部，连续重复3次。

❀ 宝宝俯卧运动

使宝宝呈俯卧姿态，两手臂朝前，不要压在身下，妈妈站在宝宝面前，用玩具逗引宝宝，宝宝自然将头抬起。为了避免宝宝劳累，开始每次只练30秒钟，然后逐渐增加时间，1日1次即可。俯卧不仅能够锻炼宝宝的颈肌、胸背部肌肉，还可增大其肺活量，促进血液循环，有利于呼吸道疾病的预防，还能扩大宝宝视野范围，从不同的角度观察新鲜事物，有利于宝宝的智力发育。

❀ 宝宝扩胸运动

宝宝仰卧，母亲握宝宝手腕，大拇指放在宝宝手心里，让宝宝握住。首先让宝宝两臂左右分开，手心向上，然后两臂在胸前交叉，最后还原到开始姿势。连续做3次。

育儿小百科

要保证宝宝有室外活动的时间，在天气好的情况下，可以在室外活动25分钟，父母要坚持给宝宝做健身操。这样，对宝宝的身心健康都有好处。

本月宝宝智能发育测试

宝宝在各方面得到了很快的发展，爸爸妈妈要抓住时机，继续对宝宝进行训练。

❤ 大动作

·俯卧抬头离床面90°。让宝宝俯卧，两臂放在头两侧，妈妈在前面用玩具逗引他。如果宝宝能抬头离床并与床面呈90°，则表明宝宝达到3个月智能发育标准。

·头能竖直且平稳。抱直宝宝，观察其头竖直情况。若宝宝头能竖直超过10秒钟，则表明宝宝达到3个月智能发育标准。

❤ 精细动作

手握着手。让宝宝仰卧，穿着宽松，使宝宝手臂能够自由活动，观察宝宝两手在胸前的位置。若宝宝两手能在胸前接触、互握，则表明宝宝达到3个月智能发育标准。

❤ 认知能力

眼随玩具移动180°。让宝宝仰卧，在距宝宝视线20厘米处摇红线球引起其注意，然后慢慢将球移到头的一侧，再由一侧经过中央移向另一侧。如果宝宝眼或头随红球转动180°，则表明宝宝达到3个月智能发育标准。

❤ 言语交流

与人"交谈"。让宝宝仰卧，家长与其面对面，用丰富的表情和亲切的语言逗引宝宝发音。如果宝宝能"一问一答"地发出声音，则表明宝宝达到3个月智能发育标准。

第五章

3~4个月：开始尝试"社交"了

　　在4个月宝宝的世界里，每天都充满了令人兴奋的发现。这个月的宝宝已经在尝试着"社交"了，他会尝试着用各种方法与他人交流。他会努力表达自己的情感需求，微笑并投出期盼眼神等。在这个阶段，爸爸妈妈要让宝宝每时每刻都能感受到你们对他的爱。同时，也不要忽视对他的体能训练。

本月身体发育特点

宝宝4个月了，与出生时候相比，无论体重或身高都增加了许多，身体也壮了许多，爸爸妈妈抱时的感觉也不一样了，不是软绵绵的，而是有了一些力度，变得好抱了。

身高

这个月男宝宝的平均身长约为64.6厘米，女宝宝的平均身长约为62.6厘米。宝宝身高增长速度与前3个月相比，开始减慢，月平均增长约2厘米。

体重

这个月男宝宝的平均体重约为6.7千克，女宝宝约为6.0千克。宝宝体重可以增长900～1250克。如果体重偏离同龄正常婴儿生长发育标准太多，爸爸妈妈就要寻找原因了，除了疾病所致以外，大多数是由于喂养或护理不当造成的。

头围

男宝宝的平均头围约为42.1厘米，女宝宝约为40.8厘米。这个月宝宝头围可增长1.4厘米，宝宝定期测量头围可以及时发现头围过大或过小的问题。如果超过或低于正常标准太多，则需要请医生检查。

囟门

这时宝宝后囟早已闭合，前囟在1.0～2.5厘米不等，如果前囟大于3.0厘米或小于0.5厘米，则应该请医生检查是否有异常情况。前囟过大可见于脑积水、佝偻病，前囟过小可见于狭颅症、小头畸形、石骨症等。

🌸 跟踪物体移动

此时宝宝可能已经能够跟踪在他面前半周视野内运动的任何物体了，同时眼睛协调也可以使宝宝在跟踪靠近和远离他的物体时视野加深。宝宝的视线灵活，能从一个物体转移到另外一个物体，头眼协调能力好，两眼随移动的物体从一侧到另一侧，移动180°，能追视物体，如小球从手中滑落掉在地上，他会用眼睛去寻找。

🌸 跟着声源转头

宝宝吃饱奶后，心满意足地躺在那里，舞动着手脚撒欢。妈妈轻轻一声"宝宝"的呼唤，就会使宝宝的头和眼睛，随着妈妈声音的来源一起转动，宝宝可以听见妈妈的声音并看到妈妈的笑脸了。4个月的宝宝，听力明显增强，只要在耳朵边发出声音，宝宝就会跟着声音的来源转头。如果声音太大或刺耳，宝宝就会因惊恐而啼哭。

🌸 会发出元音

宝宝的情绪越好就会发音越多。因此，爸爸妈妈要在宝宝情绪高涨时，多和宝宝交谈，给宝宝发送更多的语音，让宝宝有更多的机会来练习发音。爸爸妈妈还应多抱宝宝到户外，听听小鸟的叫声，听流水的声，听听风刮过树叶的声音，并不断告诉宝宝这是哪里发出的声音。还要给宝宝做元音发音口形，让宝宝模仿

爸爸妈妈说话。宝宝语言的发展是有一定规律的。最初是语言的感知阶段，宝宝先是靠听、看来感知声音，并逐渐对语音进行分辨，最后发展到自己发出语音。

🌸 有了自己的情感需求

4个月的宝宝有了自己的情感需求，不再任人摆布。宝宝除了对食物和睡眠的需求外，更加要求与人接触了。当妈妈或爸爸走近宝宝的床边时，即使他正在啼哭，也会很快地安静下来，而且手脚一张一合地，渴望着爸爸妈妈的搂抱和爱抚。

🌸 玩自己的小手

此时的宝宝喜欢从不同的角度玩自己的小手，喜欢用手触摸玩具，并且喜欢把玩具放在口里试探着什么。并能够用咕咕噜噜的语言与父母交谈了，有声有色地说还挺热闹。此时的宝宝会听自己的声音了。他对妈妈显示出格外的偏爱，离不开妈妈。父母要多进行亲子交谈，如跟宝宝说说笑笑，给宝宝唱歌，或用玩具逗引他，让他主动发音，要轻柔地抚摸他，鼓励他。

🌸 抓一抓、碰一碰

4个月的宝宝，头能够随自己的意愿转来转去了，眼睛也会随着头的转动而左顾右盼。父母扶着宝宝的腋下和髋部时，宝宝能够坐着了。让宝宝趴在床上时，他的头已经可以稳稳当当地抬起，下颌和肩部可以离开床面，前半身可以由两臂支撑起。当他独自躺在床上时，会把双手放在眼前观看和玩耍。扶着腋下让宝宝立起来，他就会举起一条腿迈一步，再举起另一条腿迈一步，这是一种原始反射。他能把自己的衣服、小被子抓住不放，摇动并注视手中的拨浪鼓，手眼协调动作开始发生，但还不能独立坐稳。对小床周围的物品均感兴趣，都要抓一抓、碰一碰。

宝宝会发出笑声

第4个月的宝宝到了非常招人喜欢的月龄。脖子挺得直直的，因为头相对较大，宝宝的头会微微摇晃，看起来像个会活动的大娃娃，眼睛的黑眼球很大，会用惊异的神情望着不认识的人，如果你对他笑，他会回报你一个欢快的笑。当你用手蒙住脸，突然把手拿开，并冲着宝宝笑时，宝宝会发出笑声，而且会发出一连串咯咯的笑声。

♥专家指导

宝宝不会对每个人都友好

宝宝不会对每个人都非常友好，很自然，宝宝最喜欢爸爸妈妈。他会用"微笑"谈话，他喜欢其他小朋友。如果他有哥哥姐姐，当他们与他说话时，你会看到他非常高兴。但遇到陌生人时，未必能露出微笑。

客观评价宝宝的体格

每人的体格是有差异的，往往受遗传、环境、营养、精神、疾病等因素的影响。人在婴儿期的个体差异较大，除了上述因素之外，还要受水分、脂肪和骨骼的影响。因此，对宝宝体格标准的评价，也要客观地、一分为二地进行。宝宝的生长指数，既有共性，也有个性，爸爸妈妈在进行对照时，如果发现宝宝的实际生长指数与理论上的生长指数有出入，就要根据宝宝的实际状况进行分析研究，针对宝宝其他方面的发育给予综合分析，既不要因此而焦虑，也不能放松警惕而延误治疗。

个别宝宝开始长牙了

极个别的宝宝在4个月时就已经开始长出1～2颗乳牙了。宝宝开始长牙的时候，会流很多口水，父母可以准备一些纱布或小毛巾，给宝宝擦口水。

科学的营养饮食

4个月的宝宝活动量增大了，食量也开始增加，若只是哺育牛奶或母奶，对宝宝而言是不够的。母乳不足的宝宝可适当添加辅食。

从母体中获取营养

这个月宝宝仍能够从母乳中获得所需营养，每天所需热量为每千克体重110千卡左右。母乳充足的宝宝这个月可以不添加任何辅食，仅喂些新鲜果汁就可以了。如果宝宝大便比较稀且次数多，也可以不喂果汁，喂多种维生素片也可以。4个月的宝宝对碳水化合物的吸收消化能力还是比较差的，仍然是对奶的吸收消化能力较强，对蛋白质、矿物质、脂肪、维生素等营养成分的需求可以从乳类中获得。

补铁预防宝宝贫血

由于宝宝日渐长大，母体里带来的铁及母乳中铁的不足会引起宝宝贫血，还有出生后有缺陷或后天护理不当而引起的贫血。所以，这个时期的宝宝易出现缺铁性贫血，家长应该注意及时给宝宝补充铁剂。这个月可以先加1/4鸡蛋黄，观察宝宝大便情况，如果没有异常，可以继续加下去。一周后可以添加菜汁。

专家指导

母乳不足时应添加辅食

宝宝到了4个月后，活动量增加，消耗的热量也增多，对于此时母乳不足的妈妈，如果不及时给宝宝添加辅食，可能会使宝宝营养不良，从而导致宝宝出现体重增加缓慢或停滞的状况。

🌸 确保母乳的质量很重要

宝宝在这一时期里的生长发育是很迅速的，食量增加。当然，因宝宝的胃口、体重等差异，所食母乳的量也有很大的差别。父母不但要及时注意奶量的多少，而且要注意奶质量的高低。母乳喂养要注意提高奶的质量，有的妈妈只注意在月子中吃得好，出了月子以后，便忽略了哺乳期的饮食质量，这都是错误的。宝宝要吃妈妈的奶，妈妈就必须保证营养的摄入量，否则，奶中的营养不丰富，会直接影响到宝宝的生长发育。在这个月里，妈妈仍需要多吃一些能够促进乳汁分泌的食物，还要尽量多摄取各种蔬菜、水果中的营养，以使乳汁中含有宝宝需要的各种营养成分。有偏食、厌食倾向的妈妈要调整自己的饮食习惯，不要吃刺激性的食物，以免乳汁中带有异味使宝宝不喜欢吃。更不能为了恢复身材而节食。另外，为了促进宝宝的脑发育，使宝宝更聪明，妈妈应坚持多吃一些健脑食品。有利于促进宝宝健脑益智的食品有动物脑、肝、鱼肉、鸡蛋、牛奶、玉米、小米、大豆及豆制品、苹果、橘子、香蕉、核桃、芝麻、花生、榛子、胡萝卜、黄花菜、菠菜等。

🌸 母乳不足早发现

这个月的宝宝如果每日体重增长低于20克，一周体重增长低于120克，就有潜在的母乳不足的可能。同时，如果宝宝开始出现闹夜，睡眠时间比原来缩短了，吃奶时间比原来延长了，体重低于正常同龄儿过多，就说明应该及时添加牛乳了。

🌸 增加辅食讲科学

4个月的宝宝食量差别比较大，仍应坚持纯母乳喂养。而有的宝宝生长发育较快，食奶量较大，有的还要加糕干粉等。除了吃奶以外，要逐渐增加半流质的食物，为以后吃固体食物做准备。

💗 添加辅食应循序渐进

给宝宝增加辅食要注意方法。4个月的宝宝肠胃功能还未完善，要选择适合他的食物来制作辅食，不要突然就让宝宝吃各种不同的辅食，辅食的添加要从少到多，从细到粗，不要立刻用辅食代替配方乳，总之，增加辅食要循序渐进。

💗 辅食添加从一种到多种

要按照宝宝的营养需求和消化能力逐渐增加食物的种类。刚开始时，只能给宝宝吃一种与月龄相宜的辅食，如果宝宝的消化情况良好，排便正常，再让他们尝试另一种，千万不能在短时间内增加好几种辅食。

💗 辅食应从稀到稠

宝宝在开始添加辅食时，都还没有长出牙齿，因此妈妈只能给宝宝喂流质食品，逐渐再添加半流质食品，最后发展到固体食物。如果一开始就添加半固体或固体的食物，宝宝会难以消化而导致腹泻。所以，家长应该注意，要根据宝宝消化道的发育情况及牙齿的生长情况采取逐渐过渡，即从菜汤、果汁、米汤过渡到米糊、菜泥、果泥、肉泥，然后再过渡成软饭、小块的菜、水果及肉。

摄入优质蛋白质

母乳可以为新生儿提供高生物价的蛋白质，而人工喂养的宝宝由于蛋白质的质量低于母乳，所以，蛋白质的需要量要高于母乳喂养的宝宝。母乳喂养时蛋白质需要量为每日每千克体重2克，牛奶喂养时为每日每千克体重3.5克，主要以大豆及谷类蛋白供给时则为4克。另外，婴幼儿的必需氨基酸的需要量远高于成人，同时由于宝宝体内的酶功能尚不完善，其必需氨基酸的种类也多于成人，即对于成人来说是非必需氨基酸，而对于宝宝来说则是必需氨基酸，如半胱氨酸和酪氨酸。宝宝自身不能合成这些氨基酸，只能从食物中供给。动物性蛋白中必需氨基酸的质和量都强于植物性蛋白，母乳中的蛋白质都含有各种必需氨基酸，也包括半胱氨酸和酪氨酸在内。

♥ 专家指导

动物蛋白比植物蛋白更符合人体需求

由于动物蛋白质所含氨基酸的种类和比例较符合人体需要，所以动物性蛋白质比植物性蛋白质营养价值更高。

蛋白质摄入要适量

任何营养素的摄入量都应以满足身体需求为标准，过量营养素的摄入可能对人体造成不良的影响，尤其是对消化、代谢和排泄器官发育都不成熟的婴儿。蛋白质是构建身体和发挥生理功能的重要物质，蛋白质分解代谢的产物则必须依赖肝脏转化和肾脏排泄，超过身体需要、未被利用的蛋白质只会增加婴幼儿的代谢负担。良好的蛋白质营养只需适量且高质，"好吸收、高利用、少负荷"的蛋白质，在满足婴幼儿对营养需求的同时，还可有效降低代谢负担，有助于宝宝全面健康的生长。

脂肪对宝宝的重要性

脂肪是宝宝不可缺少的营养素。有人把脂肪亲切地称为儿童身体的"能源宝库"，因为一个健康的宝宝体重中约有12%是脂肪。所以，如果你的宝宝脂肪摄入的量过少的话，无疑将会影响他的生长和发育。脂肪缺乏还会影响到宝宝吸收脂溶性维生素，维生素A、维生素D、维生素E、维生素K都必须溶解于脂肪才能被吸收和利用。如果宝宝吸收不到足够的脂溶性维生素，就会出现皮肤干燥、眼睛干涩、晚上看不到东西等不适症状。脂肪可以供给热量，每克脂肪可以提供37.68千焦热量，对于宝宝来说，每日总能量的35%是由脂肪供给的，年龄越小需要脂肪相对越多。如果宝宝体内缺乏了脂肪，宝宝会经常感觉到饥饿和手脚冰凉。

摄入脂肪要适量

脂肪摄入的过多、过少都会对宝宝的健康有不良影响。如果宝宝摄入脂肪过少，会使宝宝的生长发育受到很大影响，而摄入过多脂肪就会引起肥胖。有研究数据表明，成年后才发生的肥胖，脂肪只增加体积而不增加数目，可是少年时发生的肥胖，脂肪细胞不但增加体积，而且数目也会增加；当体重减轻时脂肪只减少体积，而不减少数目。所以在宝宝发育时期，避免宝宝肥胖是十分重要而且必要的。另外，摄入脂肪过多还会引起宝宝消化不良，容易引发肠胃方面的疾病。

育儿小百科

长期摄取过多脂肪对健康无疑有一定的危害，再加上宝宝活动量少，就容易出现体重过重的问题。

精心的日常呵护

这个月中，爸爸妈妈护理宝宝的重点和上个月差别不大，不过随着宝宝月龄的增加，在生活中更应该小心呵护。

整洁舒适的居室环境

首先，居室要经常开门开窗通风换气，保持空气流通，保持适宜的温度和湿度。其次，室内应保持安静，家人在做家务或其他工作时应避免产生噪音。如果经常处于嘈杂的环境中，会严重影响宝宝的食欲和睡眠，当然这并不是要求没有一点声音，太安静了对宝宝的身心发育也不利。此外，室内还应时刻保持清洁。宝宝已经不再像过去那样整天躺在床上，而是喜欢主动观察周围的环境，触摸和抓握自己的玩具，虽然刚学会翻身，但似乎已经有些急不可耐地想坐起来玩了。因此，妈妈或爸爸在为宝宝布置居室的时候，应该在墙上贴一些色彩鲜艳、图案简洁的图片，在床头悬挂一些色彩鲜艳的玩具等，这些精心布置的室内环境，将会给宝宝以美的享受、陶冶宝宝的情操、使宝宝的身心健康成长。

确保环境的安全

这个阶段的宝宝，白天醒着的时间会逐渐增多，而且小手特别喜欢东摸西摸，抓起什么都要放进嘴里。所以，千万不要把药品、洗涤用品等有毒有害物品放在宝宝能抓到或摸到的地方，以防误食而造成中毒。同时，诸如刚盛好的热粥、米糊或菜汤等食物，也应注意不要放在宝宝能摸到的地方，以免烫伤宝宝。妈妈或爸爸不要把宝宝单独放在床上或没有安全保障的地方，以免宝宝乱动而发生意外。宝宝经常抓握的玩具也要定期洗涤和消毒，尽量避免细菌或病毒感染而导致宝宝生病。

注重服装的安全舒适

第4个月的宝宝生长发育比较迅速，活动量也比以前大了许多，所以宝宝衣服的设计原则是简单、大方、易穿、易脱、舒适、宽松。同时，还要注意服装的面料和款式。由于的宝宝皮肤很细腻，一不小心就会受到损伤，所以宝宝的内衣应选择质地柔软、通透性能好、吸湿性强的棉织布料。在款式上，要在保证舒适的基础上消除一切不安全的隐患。不宜有大纽扣、拉链、扣环、别针之类的东西，以防损伤宝宝皮肤或吞到胃中。如果用布带代替纽扣，布带也不能太长，以免勒伤宝宝。这个月的宝宝由于活动较为频繁，所以最好给宝宝穿上下一体的衣服，因为上下一体的衣服更有利于宝宝活动。但注意尽量不要给宝宝穿得太厚，宝宝活动出汗多时，要经常给宝宝换内衣。

衣物配备要周全

这个月的宝宝，在春秋季可穿用棉布做成的单衣、单裤。为更换尿布方便，也可穿开裆裤，裤子最好穿背带裤，背带要长一些，随着宝宝生长发育以便于适当调整背带长度。在夏季只要穿件背心或短衣短裤就行了。在冬季，宝宝穿棉衣的时候，里面一定要穿内衣，内衣可穿有小翻领的，翻在罩褂外面，既保暖又美观。棉衣外面还应有罩衣，罩衣也以小圆领、背后开口系带的宝宝衫为宜。这种罩衫便于穿脱和清洗。棉裤也应制成背带开裆裤。此外，还应给宝宝穿鞋和袜子。鞋的帮和底要柔软，而且要宽松。一般情况下，冬季准备4套，夏季准备6套，春秋季准备3套进行更换就可以了。

🌸 关注宝宝睡眠时的冷暖

　　睡眠，在人的生命过程中占有非常重要的地位。对宝宝更是如此。宝宝香甜安稳的睡眠，将给宝宝的身心发育带来非常好的帮助和影响。宝宝睡觉时，妈妈或爸爸要时刻关注宝宝的冷暖，如果妈妈害怕宝宝睡觉时过冷或过热，因不好掌握而总放心不下，可以用手摸一摸宝宝的后颈，摸的时候注意手的温度不要过冷，也不要过热。如果宝宝的温度与你手的温度相近，就说明温度适宜。如果发现颈部发冷时，说明宝宝冷了，应给宝宝加被子或衣服。如果感到湿或有汗，说明可能有些过热，可以根据具体情况去掉毯子、被子或衣服。

育儿小百科

　　夏天炎热，如果家中有小宝宝，要注意空调的风不宜直接对着宝宝吹，室温能降到28℃左右就可以了，另外空调开的时间也不宜过长。

🌸 经常变换宝宝的睡姿

　　父母应该创造条件，让宝宝衣着单薄甚至光着身子自由地伸展身体，练习技能。最好在洗澡前配合空气浴进行。要经常让他俯卧，练习抬头、支撑全身，从仰卧翻到俯卧，并将身体从一侧转向另一侧。要经常变换宝宝小床的位置或睡姿，以免把头睡偏。

🌸 睡眠时间有差异

　　一般认为，宝宝的个体差异大，睡眠时间一般在12~16个小时，具体睡眠时间的长短与宝宝的体质和父母的睡眠时间长短有关。只要宝宝本身精神状态好，食欲正常，无消化方面的问题，体重增长良好，家长便无须顾虑，让宝宝自己决定睡眠时间就好了。贪睡的宝宝可以比睡觉少的宝宝一天多睡4~5个小时，这种差异是可以存在的。

大便异常切忌乱用药

如果发现宝宝大便异常，可留取不正常的那部分大便，带到医院进行化验。不要轻易带宝宝到医院，以减少交叉感染。这个月的宝宝比较容易出现大便问题，这会引起父母乱用药，所以一定要避免。因为一旦用药错误而破坏了宝宝的肠道内环境，调理起来是比较困难的。所以防患于未然的根本方法就是不要乱吃药，而应到儿科检查。

季节变化影响小便次数

宝宝夏季小便次数可能会少一些。冬季可能会多一些，尿泡可能会小一些。冬季尿到容器里的尿会发白，底部会有白色沉淀物，这是尿酸盐，遇冷结晶，不是疾病，注意补充水，降低尿中尿酸盐浓度，这种症状就会有所减轻。

把宝宝大小便时间不宜过长

这个月的宝宝训练大便还太早。对于喜欢让妈妈把尿的宝宝，也可以把一把。但如果宝宝不喜欢，一把就打挺，或越把越不尿，放下就尿，这样的宝宝不喜欢妈妈干预他尿尿，妈妈就不要非把不可。有的宝宝大便每天1～2次，也可以根据每天大便时间把一把。注意，不要长时间把宝宝大便，如果长时间让宝宝肛门控着，会增加脱肛的危险。

疾病的预防与护理

对于第4个月的宝宝，爸爸妈妈除了要了解接种疫苗的一些注意事项外，还应对宝宝的一些疾病及其症状有所掌握。

观察宝宝接种后的反应

由于接种疫苗后，疫苗中的病菌、病毒要在体内生长繁殖，才能刺激机体免疫系统产生免疫力，故注射部位常发生某些反应。以卡介苗为例，接种后2~3天打针的部位皮肤略有红肿，并很快消失，2周左右局部再次红肿，并破溃形成溃疡，直径一般不超过0.5厘米，然后结痂，痂皮脱落后留有轻微疤痕，前后持续2~3个月。

患病宝宝的接种

如果宝宝仅仅是轻微的感冒，体温正常，不需要服用药物，特别是不需要服用抗生素，则可以按时接种，接种后1~2周不吃抗生素类药物。如果必须使用，要向预防接种的医生咨询，是否需要补种。如果发热，或感冒病情较重，必须使用药物，可暂缓接种，向后推迟，直到病情稳定。如果服用抗生素，要在停止使用后1周接种。

区分接种发热和疾病发热

首先要排除疾病所致的发热，疾病可以是接种前就感染的，也可以是接种后感染的。如果是疾病所致，检查可见阳性体征，如咽部充血、扁桃体增大充血化脓、咳嗽、流涕等症状。疫苗所致发热没有任何症状和体征。如果既有疫苗反应，又有感冒发热，那症状就会比较重，体温也会比较高。接种多长时间发热，与接种的疫苗种类有关，疫苗接种后的发热一般不需要治疗，会自行消退。

警惕宝宝腹绞痛

当身体不舒服时，太小的宝宝不会表达自己不适的部位及症状，而会出现经常哭闹、过后就没事了的情况，则很有可能是婴儿腹绞痛，这种情形一般在宝宝较大后都能改善。

腹绞痛的症状

这个时期的宝宝常在傍晚到凌晨之间不停地、剧烈地哭闹，有的也会在不固定的时间哭闹，而导致脸部涨红、四肢弯曲、肚子绷得很紧，之后肠蠕动增快、放屁次数增加，但无论妈妈怎样安抚、换尿布、喂奶都不得要领。这种症状可能就是婴儿腹绞痛。

腹绞痛发生的原因

婴儿腹绞痛大多是由于对外界环境不能适应造成的。胎宝宝还在母体时，受到母体激素昼夜变化的影响，所以在母体内时有固定的生理时钟，出生后内分泌功能发育未成熟，未来得及自行调节生理时钟，而引起晚上哭闹，白天睡觉，与大人不能配合日夜颠倒的生活方式。等到宝宝较大了，内分泌功能较成熟了，这种情形就会自然而然地改善。有的家长认为，婴儿腹绞痛是由于对牛奶中的蛋白质过敏引起的，但换吃蛋白水解的低过敏奶粉也仅有约1/10会改善。

腹绞痛的护理方法

不论爸爸妈妈做什么，宝宝都不会停止哭泣。3～4个月大的宝宝腹绞痛通常会消失，但不幸的是，对此问题还没有经过实践证实的治疗方法，只能采取一些措施缓解痛苦。轻度腹绞痛可采取安抚的方法，例如，拥抱着并规律地轻摇宝宝、吸奶嘴、肚皮擦清凉剂、喂奶等。如果宝宝睡不安稳，妈妈可以躺在宝宝身边，轻轻拍打宝宝的胸脯，哄宝宝入睡。

🌸 注意观察宝宝的舌头

如果宝宝稍有发烧不适，很快就会被细心的妈妈发现，但很多妈妈却没有留心观察一下宝宝的小舌头。只有宝宝吃饭不好时，妈妈才会让他张开嘴巴，看看嗓子红不红。其实，宝宝的小舌头上大有学问，妈妈可以通过宝宝的小舌头巧识一些疾病。

❤ 宝宝正常的小舌头

正常健康的宝宝，舌体应该大小适中、舌体柔软、淡红润泽、伸缩活动自如、说话口齿清楚，而且舌面有干湿适中的淡淡的薄苔，口中没有气味。一旦宝宝患了病，舌质和舌苔就会相应的发生变化。其实，小舌头就像一支反映宝宝身体健康状况的"晴雨表"，尤其是宝宝的肠胃消化功能更是在小舌头上表现得淋漓尽致。

育儿小百科

如果妈妈对宝宝小舌头的变化能够有所了解，就能及早发现宝宝的异常，防患于未然。

❤ 发热时的舌头与对策

宝宝感冒发烧，首先表现在舌体缩短，舌头发红，并经常伸出口外，舌苔较少。如果发热较高，舌质绛红，说明宝宝热重伤耗津液，所以宝宝经常会主动要求喝水。发热严重的宝宝，还可看到舌头上有粗大的红色芒刺，犹如市场上的杨梅一样，这种杨梅舌多见于患猩红热或川崎病的宝宝。父母应注意及时带宝宝去治疗引起发热的原发疾病，并及时进行物理降温或口服退热药物。注意多给宝宝饮白开水。可购买新鲜的芦根或者干品芦根煎水给宝宝服用。

❤ 不爱吃饭时的舌头与对策

有的宝宝一看到喜爱的食物就会吃很多。这样，宝宝吃得过多、过饱，消化功能就易发生紊乱。到了第二天，宝宝就可能出现不爱吃饭、肚子胀气、疼痛，严重时还会发生呕吐，气味酸臭的状况。小一点的宝宝还会由于食积而导致腹泻，此时可看到舌上有一层厚厚的黄白色垢物，舌苔黏黏厚厚，同时口中会有一种又酸又臭的秽气味道。这种情况多是因平时饮食过量，脾胃消化功能差而引起的。当宝宝出现这种舌苔时，饮食要清淡一些，而且每餐要保持适量，妈妈需要经常观察宝宝的小舌头。

❤ 舌头像地图时的对策

地图舌是指舌体淡白，舌苔有一处或多处剥脱，剥脱的边高突如框，形如地图，每当在吃奶时会有不适或轻微疼痛。地图舌一般是由于宝宝消化功能紊乱，或宝宝患病时间较久，体内气阴两伤。患有地图舌的宝宝，往往容易挑食、偏食、爱食冷饮、睡眠不稳、乱踢被子、翻转睡眠，较小一点的宝宝易于哭闹、潮热多汗、面色萎黄无光泽、体弱消瘦、怕冷、手心发热等。可多吃新鲜水果和新鲜且颜色深的绿色或红色蔬菜，可用适量的龙眼肉、山药、白扁豆、大红枣，与薏米、小米同煮粥给宝宝食用，如果配合动物肝脏一同食用，效果将会更好。如果宝宝面色白、脾气较烦躁、汗多、大便干，在医嘱下可用百合、莲子、枸杞子、生黄芪适量煲汤饮用，将会使地图舌得到改善。

❤ 舌头光滑无苔时的对策

有些经常发烧、反复感冒、食欲不好或有慢性腹泻的宝宝，会出现舌质绛红如鲜肉，舌苔全部脱落，舌面光滑如镜子。出现镜面舌的宝宝，往往还会伴有食欲不振，口干多饮或腹胀如鼓的症状。对于镜面红舌的宝宝应该多食豆浆或新鲜易消化的蔬菜，也可把西瓜、梨、马蹄榨汁饮用。

智能开发与训练

第4个月的宝宝不论是在运动能力方面还是在智力方面都有了很大的进步，爸爸妈妈要坚持继续对宝宝进行各种能力的开发和训练。

训练宝宝翻身

到了第4个月，宝宝可以开始练习翻身了。妈妈或爸爸现在可以先帮助宝宝学习从仰卧翻身到俯卧。训练时可以参考以下方法。

·背部刺激法。训练时，妈妈或爸爸可以先让宝宝仰卧在硬板床上，衣服不要穿得太厚，以免影响宝宝的动作。再把宝宝的左腿放在右腿上，以你的左手握宝宝的左手，让宝宝仰卧，以你的右手指轻轻刺激宝宝的背部，使宝宝自己向右翻身，直至翻到俯卧位时为止。

·玩具逗引法。正式训练前与背部刺激法相同，不同点在于玩具刺激法不是刺激宝宝的背部，而是在宝宝的一侧放一个色彩鲜艳的玩具，逗引宝宝翻身去取。如果宝宝还不能自己翻身，妈妈或爸爸也可以握住宝宝的另一侧手臂，轻轻地把宝宝的身体拉向玩具一侧给予帮助。每次数分钟，逐渐达到宝宝自己会翻。

教宝宝做翻身被动操

在训练宝宝翻身时，为发展和巩固宝宝的翻身动作，促进宝宝动作的灵活性，可以教宝宝做翻身被动操。具体方法是，先让宝宝仰卧在平整的床上，妈妈或爸爸用一只手握住宝宝的前上臂，另一只手托住宝宝的背部。然后喊着口令"一、二、三、四，宝宝翻过来"，将宝宝从仰卧推向俯卧，再喊口令"一、二、三、四，宝宝翻过去"，将宝宝从俯卧推向仰卧。如此反复，每日数次。

视觉的训练

妈妈爸爸要在过去几个月的视听训练基础上，用声音或动作吸引宝宝的视线，并让视线随之转移。或让宝宝的视线从妈妈转移到爸爸，或者当宝宝注视某个玩具时，迅速把玩具移开，使宝宝的视线随之移动，也可以用滚动的球从桌子一侧滚到另一侧让宝宝观看。此外，还可以在窗前或利用户外锻炼的时机，让宝宝观察户外来往的行人或汽车等移动物体。

语言的训练方法

训练宝宝语言能力的首要一点，就是要创造良好的语言氛围，妈妈爸爸要养成与宝宝说话的习惯，让宝宝有自言自语或与妈妈和爸爸咿咿呀呀"交谈"的机会。起初，宝宝喉咙里的咯咯声或嘴里发出的咿咿呀呀声完全是无意识的，并对元音做出更多的尝试。这时，宝宝的词汇包括从简单单音节到或短或长的尖叫。随着月龄的增加，宝宝就可能发出拖长的单元音，或连续的两个音，如"啊咕""啊呜"等，并能逐渐模仿妈妈或爸爸的口形发出声音。所以，在宝宝情绪好的时候，妈妈或爸爸可用愉快的口气和表情，你一言，我一语地和宝宝说话，逗引宝宝主动发声，逐渐诱导宝宝出声搭话，使宝宝学会怎样通过嗓子、舌头和嘴的合作发出声音。和宝宝说话时，要见到什么说什么，干什么讲什么，而且语言要规范简洁。

育儿小百科

虽然宝宝不会会重复你所说的任何话语，但宝宝会注意倾听，并会把你的话储存在大脑里，而且宝宝也越来越善于表达自己了，甚至会用高兴地尖叫或咯咯的笑声来表达自己的快乐。

🌸 宝宝做伸展运动

准备姿势，宝宝仰卧。母亲双手握住宝宝手腕，把宝宝两臂放在体侧。拉宝宝两臂在胸前呈前平举，掌心相对，然后使宝宝两臂向两侧斜上举，再拉宝宝两臂在胸前呈平举，掌心相对，最后还原。

🌸 抱大球游戏

培养肢体协调能力。把一个直径为30厘米的大球吊起在宝宝双手能够得着的高度。先让宝宝双手抱住大球，然后提起宝宝的双腿，让腿也能够到大球。有些大球内有铃铛，宝宝推动大球时能打响里面的铃铛，发出声音，这会使宝宝很愿意用四肢把大球推来推去，好让铃铛发出声音。如果大球内没有铃铛，大人可以另外把铃铛挂在吊大球的绳子上，也能在大球被推动时打响。不过要挂得结实，否则掉下来会打伤宝宝。如果宝宝的四肢不能同时抱大球，可以分开先让宝宝用双手去抱，玩熟练后把球拖到脚够得着处，再用双脚练习踢球，渐渐地把球向腹侧移动，让宝宝的脚慢慢上举，最后四肢都能同时抱球，把球弄响以取乐。

🌸 逗逗飞游戏

锻炼语言动作协调能力。让宝宝背靠在妈妈怀里，妈妈双手分别抓住宝宝的两只小手，教他把两个食指尖对拢再水平分开，嘴里同时说"逗逗——飞"，如此反复数次。还可以分别将其余4指合拢再分开来玩此游戏。这个游戏能锻炼宝宝的小肌肉，同时可以训练宝宝的手眼协调能力和语言动作协调能力。

本月宝宝智能发育测试

又通过了一个月的智能开发与训练，看看宝宝都长了哪些本事呢?

大动作

会翻身，从仰卧变俯卧。让宝宝仰卧，用玩具在其一侧逗引，如果宝宝能从仰卧翻成侧卧再俯卧，表明宝宝达到4个月智能发育标准。

精细动作

抱坐，将玩具放在桌面上距宝宝的手2.5厘米远处。若宝宝能够取桌面上距手2.5厘米远的玩具并紧握，则表明达到4个月智能发育标准。

认知能力

头转向声源。抱坐，在距宝宝耳侧水平方向15厘米处摇铃，如果宝宝能转头找到声源，表明宝宝达到4个月智能发育标准。

言语交流

大声笑。逗引宝宝，如胳痒、抱到户外等，引起宝宝的愉快情绪。宝宝如果笑声响亮，表明宝宝达到4个月智能发育标准。

情绪与社会行为

·见母亲伸手要抱。观察宝宝见母亲时的反应，如果宝宝伸手要求抱，则表明宝宝达到4个月智能发育标准。

·辨认生熟人。观察宝宝见生人的反应，如果宝宝见到陌生人有盯看、躲避、哭等行为，表明宝宝达到4个月智能发育标准。有少数宝宝见到生人也会笑，这样的宝宝智能发育的很好，性格开朗。

第六章

4～5个月：感受
丰富多彩的世界

　　5个月的宝宝身体各部分的运动能力进一步加强，对自己周围的事物也越来越感兴趣，活动范围变得更大一些。无论是在家里还是在外面，宝宝总是东瞧瞧西看看。随着感知的提高，面对这丰富多彩的世界，小宝宝更需要父母倾注更多的爱和时间。

本月身体发育特点

宝宝的身体和能力发育已经进入稳步增长阶段，对周围事物的兴趣也在增强，一段音乐、一束鲜花、父母手中的摇鼓等，这些都能引起宝宝极大的兴趣。

身高

这个月男宝宝的平均身高约为65.9厘米，女宝宝的平均身高约为65厘米，宝宝的身高平均可增长2.0厘米，宝宝的身高与平均值有一些小的差异是正常的，父母不必不安。

体重

这个月男宝宝的平均体重约为7.3千克，女宝宝的平均体重约为6.7千克。4个月以前，体重每月平均增加900～1250克，从第4个月开始，体重平均每月增加450～750克。

头围

这个月男宝宝的平均头围约为43厘米，女宝宝的平均头围为41.8厘米，宝宝头围的增长速度开始放缓，平均每个月可增长1.0厘米。头围的增长也存在个体差异。父母要定期测量宝宝头围，若发现头围异常要及时到医院检查。

囟门

5个月宝宝的前囟门可随着头围的增加而略变大，但一般不大于3厘米，不小于1厘米，也不向外突出。父母会看到宝宝的囟门一跳一跳的，不用担心，这是正常的。

🌸 能辨别颜色的差异

现在的宝宝能辨别红色、蓝色和黄色之间的差异。如果宝宝喜欢红色或蓝色，不要感到吃惊，这些颜色似乎是这个年龄段宝宝最喜欢的颜色。

在这时，宝宝的视力范围可以达到几米远，而且将继续扩展。他的眼球能上下左右移动，去注意一些小东西，如桌上的小点心等。当他看见母亲时，眼睛便会紧跟着母亲的身影移动。

🌸 集中注意力倾听

此时，爸爸妈妈会发现，当宝宝啼哭的时候，如果放一段轻柔的音乐，正在哭的宝宝会停止啼哭，扭头寻找发出音乐的地方，并集中注意力倾听。

听到柔和动听的曲子时，宝宝会发出咯咯的笑声，而且小嘴里也会"咿咿呀呀"地应和着，还会拍打着小手，显示出愉快、满意的表情。

有时，爸爸妈妈叫宝宝的名字时，宝宝会很快地转过头来，眼睛热切地望着爸爸妈妈，似乎有应答的样子。

🌸 发音增多

5个月以后，宝宝进入了连续音节阶段。妈妈可以明显地感觉到，宝宝发音增多，尤其在高兴时更明显，可发出如"ba—ba""da—da""mou—mou"等声音，但还没有具体的指向，属于自言自语，咿呀不停。如果宝宝不经意间发出"妈妈"的音节，妈妈就要马上亲吻宝宝，并称赞宝宝："宝宝会叫妈妈了，妈妈可真高兴。"

尽管宝宝还没有意识到他发出的声音，就是在呼唤妈妈，但随着妈妈不断强化"妈妈"，不断地和宝宝说"妈妈要给你吃奶了""妈妈要给你洗澡了"等，宝宝就会把"妈妈"这个音和妈妈这个人结合起来，就会有意识地喊妈妈了。

区别食物的味道

这个月是味觉发育最迅速的时期。宝宝对食物味道的任何变化，都会表现出非常敏锐的反应并留下"记忆"。因此，宝宝能比较明确而精细地区别出食物酸、甜、苦、辣等各种不同的味道。例如，吃惯了母乳的宝宝在刚刚喝牛奶的时候往往会加以拒绝，因为宝宝感觉到所吃的食物不是以往的味道，所以才会加以拒绝。

个体差异明显

有的宝宝能吃能喝、身高体胖、活泼好动，一天仅睡十几个小时的觉，身体也没有出现过什么不适；而有的宝宝即使妈妈很长时间不喂奶，也不主动哭着要，吃起奶来也不像其他宝宝那样香甜，身体相对来说比较瘦小，睡觉不踏实，稍微有点响动就能惊醒，还有过腹泻现象。出现上述这两种现象，是因为随着宝宝体质、营养、环境、运动量等的不同，个体发育出现了差异，而且这个差异非常明显。这也是这一时期的宝宝发育中明显的特征之一。

胎毛开始脱落

宝宝进入5个月时，妈妈会发现，宝宝后脑勺上的头发几乎已脱尽，枕头上粘满宝宝细软的胎毛，只有脑袋的前半部和左右两边，还有点胎毛。这个时期的宝宝，正是胎毛脱落时期，后脑勺部位因为经常触碰枕头，所以胎毛脱落得最明显。宝宝只有脱尽胎毛，才会有质感不同的新头发生成。宝宝胎毛脱落时期，注意不要让脱落的胎毛进入宝宝的嘴里。

科学的营养饮食

进入这个月以后，给宝宝添加辅食的品种越来越多，数量也在逐渐增加，这就需要爸爸妈妈掌握一些辅食喂养的方法，以使宝宝健康、茁壮的成长。

离乳餐制作要精细

很多妈妈在宝宝刚进入离乳餐阶段，往往不知道该喂些什么食物，其实只要宝宝容易习惯的食物就可以选择喂食，如过滤的果汁、蔬菜汤或米粥等，当然也可以选择一些婴儿食品。另外，在给宝宝添加食物时要由少到多，由一种到多种，一种食物添加后最好持续喂3～5天再更换另一种食物，宝宝患病时要停止添加新食物。刚开始给宝宝吃的离乳食物，必须要制作得较为精细，食物要呈黏糊状，不能结块，而且不适合添加任何调料。离乳餐的喂食时间最好在喝牛奶或母乳前，开始时每天1次。

注意辅食的营养

在给宝宝添加辅食的同时也要注意辅食的营养，以保证宝宝的饮食营养均衡，宝宝辅食的营养必须达到以下标准：必须含有维生素和矿物质，特别是保持身体正常功能所需的维生素、铁和钙等，这类辅助食材主要包括蔬菜、水果、菇类等；必须含有碳水化合物，这是为身体提供热量的主要来源，这类辅助食材主要包括米、面包、面类等淀粉类及芋类等；必须含有蛋白质，特别是要含有身体成长所需的必要蛋白质。这类辅助食材主要包括肉、鱼、蛋、乳制品、大豆制品等。

添加辅食的种类

为补充宝宝乳类营养成分的不足，满足其生长发育的需要，并锻炼宝宝的咀嚼功能，为日后的断奶做准备，可以添加以下辅食。

·半流质淀粉食物。如米糊或蛋奶羹等，可以促进宝宝消化酶的分泌，锻炼宝宝的咀嚼、吞咽能力。蛋黄含铁高，可以补充铁，预防宝宝发生缺铁性贫血。

·水果泥。可将苹果、桃、草莓或香蕉等水果，用匙刮成泥喂给宝宝，先喂一小勺，逐渐增至一大勺。

·蔬菜泥。可将土豆、南瓜或胡萝卜等蔬菜，经蒸煮熟透后刮泥给宝宝喂服，逐渐由一小勺增至一大勺。

·鱼肉。还可增加鱼类如平鱼、黄鱼等，此类鱼肉多、刺少，便于制作成肉末。鱼肉含磷脂、蛋白质很高，并且细嫩易消化，适合宝宝发育的营养需要。

增加辅食的原则

给5个月的宝宝喂辅食时，爸爸妈妈一定要耐心、细致，要根据宝宝的具体情况加以调剂和喂养。除了要按照由少到多、由稀到稠、由细到粗、由软到硬、由淡到浓的原则外，还要根据季节和宝宝的身体状态酌量添加。如发现宝宝大便不正常，要暂停增加，待宝宝恢复正常后再增加。另外，在炎热的夏季和宝宝身体状态不好的情况下，不要添加辅食，以免使宝宝产生身体不适。要想让宝宝能够顺利地吃辅食，有一个技巧，那就是在宝宝吃奶前、饥饿时添加，这样宝宝就会比较容易地接受了。

专家指导

注意喂养时的卫生

喂饭时，爸爸妈妈不要用嘴边吹边喂，更不要先在自己嘴里咀嚼后再吐喂给宝宝，这种做法极不卫生，很容易把疾病传染给宝宝。

🌸 重视泥糊状食品的添加

　　宝宝5个月时，单纯的母乳喂养或配方奶粉喂养已不能满足宝宝的生长需要，必须添加含有大量宝宝生长所需的营养素、又能适应其消化能力的泥糊状食物作为辅食。然而长期以来，有些父母对它的重要性认识不足，有些母乳喂养的宝宝到8～9个月时还没有建立喂泥糊状食品的习惯。不及时进食泥糊状食物，不但无法使宝宝得到全面的营养，而且由于4～6个月是宝宝促进咀嚼功能和味觉发育的关键时期，延迟添加泥糊状食物会使宝宝缺乏咀嚼的适应刺激，使咀嚼功能发育延缓或咀嚼功能低下，从而引起喂养困难，易产生语言发育迟缓、认知不良、智商偏低的现象。因此，给4个月以后的宝宝添加泥糊状食品，首选含有多种维生素和矿物质强化的营养米粉。同时还要保证泥糊状食品的质量，逐渐添加不同颜色、不同味道和不同质地的食物，如蛋黄、菜泥、果泥、鱼泥、肝泥、肉泥等来刺激宝宝的味觉，同时满足其生长发育的需要。

🌸 添加配方奶粉

　　目前在宝宝喂养中，父母只喜欢给宝宝吃鱼、吃虾，认为肉类不易烹调，宝宝嚼不动，不易消化，还认为肝脏是解毒器官，其含有很多毒物而很少给宝宝吃，以致宝宝的血红素铁摄入不足，同时还会影响非血红素铁的吸收，营养不够全面。因此，为了预防宝宝缺铁性贫血，在喂养宝宝时，除了要鼓励母乳喂养外，在母乳不足的情况下也应食用配方奶粉。

避免食物过于单调

许多家长不重视宝宝食物种类的多样化和烹调方法，给宝宝的食物种类过于单调，如每天给宝宝吃青菜、鱼和蛋黄；有的家长每天将菜粉、鱼粉和肝粉拌在米粉中，使宝宝不能分辨不同食物的味道和质地，久而久之，宝宝不仅得不到全面的营养，也不愿意接受新食物，甚至会引起偏食。世界上没有任何一种天然食物含有人体所需的各种营养素，所以只有通过进食多种食物才能得到全面的营养。因此，妈妈在做菜的时候可以变化多种花样，养成宝宝吃各种食物的习惯。

给宝宝吃保健食品要慎重

许多父母担心饮食中的营养成分不够完善，不能满足宝宝生长发育的需要，因此会买些营养品或补品给宝宝吃，如西洋参、银耳、桂圆、蜂乳等，认为这些食品是补药，会促进宝宝的生长发育。其实，这些营养补品的营养价值并不高，更有些补品还含有激素，有引起宝宝性早熟的可能。也有些家长总是担心宝宝缺这缺那而给宝宝恶补，如给宝宝吃了鱼肝油，同时又吃多种维生素，吃了钙粉又吃多种矿物质的增补剂，造成某种营养素摄入过多或营养素之间的比例失调，对宝宝身体发育十分不利。因此，在吃任何保健品之前要先了解宝宝身体的状况，如通过静脉血测定体内矿物质的情况，的确是某种元素缺乏才给予补充，并且在医生的指导下进行。其实，药补不如食补，只要保持平衡的膳食，就能保证基本的营养平衡。

❤ 建立规律的饮食生物钟

进食如果能做到定时定量，宝宝在一定的时间内会产生饥饿感，胃肠内会产生大量的消化液，而使吃进的食物能够顺利地消化且被吸收。什么时候吃饭、排便、睡眠都是人类的一种生物本能，但这些活动会受到社会生活环境的制约，更多受时间的影响，即受生物钟的影响。因此，帮助宝宝建立正常规律的饮食生物钟，不但对宝宝的健康有利，同时也可以帮助宝宝将来更好地适应幼儿园、学校的集体生活。

❤ 白天固定饮食时间

如果白天宝宝吃过奶就睡着了，4个小时以后还没有醒，妈妈就应该把他叫醒，这就是在帮助宝宝养成固定的白天饮食习惯。即使宝宝吃奶之后在睡觉期间哼唧两声，妈妈也应该忍耐几分钟。假如宝宝真的醒了而且哭闹，可以给他一个橡胶奶嘴哄哄他，以便他能有机会再次入睡，这就是在帮助宝宝适应更长的吃奶间隔。

❤ 注重吃奶间隔

如果宝宝最初的时候吃奶无精打采，迷迷糊糊或者躁动不安少睡觉，家长就应该坚持适当地引导宝宝，使他的吃奶间隔不断向规律发展，如让吃母乳的宝宝2~3个小时吃1次，让吃配方奶的宝宝3~4个小时吃1次，父母减少了忙乱，宝宝也能尽早一些养成固定的吃奶习惯。

❤ 专家指导

让宝宝喝牛奶的小窍门

针对一些不爱喝牛奶的宝宝，要采取一些小窍门，如在宝宝睡觉迷迷糊糊时给他喝牛奶，在宝宝洗完澡口干时，多给他喝牛奶。

精心的日常呵护

这个月宝宝长的越来越大了，日常生活中的护理问题也出现了一些新的情况，这就需要爸爸妈妈们高度注意。

消除身边的安全隐患

父母千万不要把药品、洗涤用品、尖锐物品等放在宝宝能抓到、摸到的地方，以防宝宝误食而造成中毒或误伤；盛好的米饭、热粥、米糊、菜汤等也不要放在宝宝能摸到的地方，以免烫伤宝宝。这个月宝宝的腿脚力量逐渐增大，如果不慎碰到金属器具等，就会造成不必要的伤害，还有可能终生留下瘢痕，所以，宝宝的周围都不要放置铁制的玩具、电熨斗或暖水瓶等物品，以免发生意外。

加强对宝宝的看护

由于宝宝已经学会了翻身，动作一天比一天成熟和灵活，到了五六个月时宝宝的翻身动作已经非常熟练，从床中间翻到床边的速度之快常常是很惊人的，在没有人看护的情况下或稍加疏忽，宝宝就会很容易从床上掉下来，以致摔伤，所以，一定要加强看护，以免宝宝发生意外。

逗宝宝要掌握分寸

这时候宝宝白白胖胖的，非常招人喜爱，有的大人喜欢和宝宝玩，逗得宝宝大笑，有的宝宝甚至被逗得笑个不停。有资料表明，过分逗宝宝笑会造成宝宝暂时缺氧窒息，引起大脑缺血，也会造成宝宝口吃或痴笑，严重的还可造成下颌关节脱臼。另外，过分逗弄宝宝，时间久了，宝宝就不自己玩啦。所以，逗宝宝要适可而止。

❀ 选择纯棉质地的内衣

质地直接决定了内衣的触感，所以衣服的质地是选择衣服时首先要考虑的因素。纯棉内衣以其良好的吸汗透气性、舒适的手感而成为宝宝内衣的唯一选择。一般来说，针织螺纹布是夏天的首选；针织棉毛布保暖性、透气性较好，适合做秋冬内衣；棉纱布易缩水，主要用于夏季；毛巾布则主要用于秋冬季。

❀ 做工舒适安全是关键

宝宝内衣讲究做工并不是为了美观，而是为了安全、舒适。做工精细的内衣一般在剪裁设计上更加注重宝宝的体态特点，比如，宝宝的颈部总是转动不停，下颌和脖子易出汗，因此领窝处不能太浅；袖缝设计影响着宝宝手臂的活动，最好采用袖部与肩部水平的立体剪裁；宝宝的肚子比较娇嫩，因此腹部的重叠设计可以保证宝宝不会受凉。另外，因宝宝内衣需经常洗涤，做工精细的衣物才能保证纽扣、带子等不易脱落，从而避免宝宝误食等意外事故的发生。

❀ 功效齐全的内衣

宝宝内衣虽小，种类却不少，长的、短的、袍状的、蛙型的，日常穿的、睡觉穿的，各种各样林林总总也有七八种之多，选择时要考虑到每一种的不同功效。

❀ 内衣尽量选择白色

宝宝内衣应该选择本白色，这样才有可能把各种有色染料带给宝宝的伤害降到最低，并有利于发现一些异常情况，如不正常颜色的粪便或宝宝自己抓破皮肤留下的血迹等。但是，一些过分白的内衣有可能含有荧光剂，应慎选。另外，粗糙的缝边易刺激到宝宝的皮肤，尤其是腋下、手腕等处，选择时不妨放在自己脸颊旁感觉一下。

选择适合宝宝的玩具

5个月的宝宝这时正在学习使用自己的手指，已经了解了手的一些用途，并能使其自由地活动，还能主动抓东西，所以，爸爸妈妈在这时可给宝宝购买相应的玩具。

·发展视觉的玩具。可以选择色彩鲜艳的脸谱、镜子、洗澡玩具、塑料书、图片、小动物、动物造型之类的玩具。

·发展听力的玩具。可以选择小摇铃、拨浪鼓、八音盒、风铃等能发出悦耳动听声音的玩具，宝宝有时候就会随着音乐手舞足蹈起来。

·发展触觉能力的玩具。可以选择不同质地的玩具，如绒毛娃娃、丝织品做的小玩具、床头玩具、积木、海滩玩的球等。

购买玩具的原则

在购买任何玩具时，应注意看一下玩具有没有小部件，以防宝宝因吞咽而窒息。最好选用没有尖锐边缘的玩具，以防划伤宝宝的皮肤。并且还要检查一下玩具是否耐用。有些玩具几天就散架了，宝宝在玩时就容易被破损的玩具刺伤，因此，最好选择结实耐用的玩具给宝宝玩，这样做会相对安全。

注重玩具的安全性

无论何时，安全都是第一位的。宝宝具有独特的探究世界的方式，他们不仅看和听，他们更要摸、要闻、要咬，还要敲打等。这就要求爸爸妈妈在给宝宝选择玩具时要特别注意，玩具不能存在安全隐患，同时要避免过小的零件，避免过于坚硬锐利的部分，另外也要避免过重。要选择"绿色"玩具，这样，即使宝宝咬在嘴里也不会对他的安全和健康造成威胁，这就是所谓的可以放在餐盘上的玩具。

疾病的预防与护理

宝宝在成长的过程中，常常会被一些疾病所困扰，比起患了疾病去治疗，更重要的是要积极预防，爸爸妈妈要想办法把宝宝患病的危险降到最低，这比患了病再急急忙忙去医院治疗要好得多。

第3次接种百白破疫苗

这个月，父母要及时带宝宝去医院注射第3针三联针，这样就完成了三联针的第1次免疫注射过程，即在宝宝的体内产生了抗百日咳、白喉和破伤风三种传染病的抗体。接种后，如果宝宝体温升至39.5℃以上，有抽搐、惊厥、持续性惊叫等严重反应，应及时到医院进行诊治。

专家指导

接种百白破疫苗的护理

宝宝接种疫苗后要适当休息，不要剧烈运动或使宝宝过于疲劳，并要注意保暖，防止受凉发生感冒、发烧或其他疾病。要给宝宝多饮水。接种疫苗后24小时内不要洗澡。

按时接种疫苗

随着宝宝外出次数的增多，与传染病接触的机会也增多了。特别是到了这个时候，宝宝出生时从妈妈体内带来的抗体在逐渐减少和消失，可自身的免疫力还没有产生，身体抵抗病菌的能力较差，容易患上各种传染病。所以为了预防传染病，一定要及时为宝宝接种各种疫苗，以提高自身免疫力，同时，坚持正确的喂养，及时按月龄添加辅食，提供均衡的营养素，以增强身体的抗病能力。在传染病流行季节尽量不带宝宝去空气不良的场所，避免与传染病患者接触，家里发现患者要及时隔离。冬春季节气候多变，一定要根据气温变化及时为宝宝增减衣物，夏秋季节则要注意饮食卫生。

宝宝用药需谨慎

在给宝宝服用任何药物时都应非常小心。药物必须是针对宝宝的正确种类，并且应完全按处方服用。在给宝宝服药时要遵循以下原则。

·给宝宝服用药水时，要使用量匙、塑料的药匙或口腔注入器。不要使用餐具，因为这些器具不准确。因此，喂宝宝吃药时，一定要用适当的测量器具。

·确定所使用器具上的测量单位和所需的单位是一样的。

·给宝宝服用正确的药量。

·将每位家庭成员的药物均放在宝宝拿不到的安全地方。

·别将药物放在浴室的橱柜内，因为蒸汽和湿气会影响它的效用。

·在每种药物上贴上标示，注明服用的剂量与时间。

·如果处方给宝宝的药不止一种，还要确定它们一起服用时有没有问题。

·别保存旧药，扔掉它们。

·要使用干净的点滴器和药匙，使用后洗干净然后风干。喂完药后，用温肥皂水清洗这些器具，然后将它们存放在密封的塑料容器或塑料袋中，别将它们放在洗碗机中洗，因为它们的开口太小，无法适当清洗，肥皂残余可能无法洗净。

宝宝服药前的注意事项

服药前，不宜给宝宝喂母乳、牛奶及饮水，要使宝宝处于半饥饿状态，这样既可防止恶心呕吐，又可因宝宝饥饿，便于药物咽下。而且，服药前应首先看清楚药物标签，了解药物用途及用量。因为宝宝服药是根据体重计算用量的，切勿过量，以免发生药物中毒。另外，还要掌握用药次数及天数。

喂药时的注意事项

父母应按医生嘱咐，先将药片或药水放置勺内，用温开水调匀，也可少放些糖。喂药时将宝宝抱于怀中，托起宝宝头部成半卧位，用左手拇、食二指轻轻按压宝宝双侧颊部，使宝宝张嘴，然后将药物慢慢倒入宝宝嘴里。但要注意，不要用捏鼻的方法使宝宝张嘴，也不宜将药物直接倒入宝宝咽部，以免造成宝宝将药物吸入气管内发生呛咳，甚至导致吸入性肺炎的发生。

喂苦药时的方法

如果给宝宝喂不太苦的药，可以将药溶于少量的糖水里，用小勺或奶瓶喂。太苦、太难吃的药，应先喂糖水或奶，然后趁机将已溶于糖水中的药喂入，再继续喂些糖水或奶。如果宝宝一直又哭又闹，不肯吃药，只好采取灌药的方法，一人用手将宝宝的头固定，另一人左手轻轻捏住宝宝的下巴，右手拿一小匙药，沿着宝宝的嘴角灌入，待其完全咽下后，固定的手才能放开。不要从嘴中间沿着舌头往里灌，因为舌尖是味觉最敏感的地方，易拒绝下咽。另外需注意的是，宝宝哭闹时灌药容易呛着鼻子，所以应将宝宝的头部稍稍抬起。

宝宝吃药后的注意事项

给宝宝喂药后，应继续喂水20~30毫升，这样可以将宝宝口腔及食道内积存的药物送入胃内。喂药后不宜马上给宝宝喂奶，以免发生反胃引起宝宝呕吐。

牙齿是健康的指标之一

牙齿是健康的指标之一，但出牙早晚与智力无关。而有些如佝偻病、营养不良、呆小症、先天愚型等疾病，都会出现出牙延缓、牙质欠佳的情况。因此，爸爸妈妈要随时观察宝宝的出牙及牙齿情况。不仅宝宝的生长发育需要钙，宝宝牙胚的发育生长也需要大量钙以及促进钙吸收的维生素D。

宝宝出生后如果没有及时补充鱼肝油和钙，又很少晒太阳，就容易得佝偻病，使出牙延迟。宝宝缺少维生素C时，会影响牙釉质的生长；宝宝缺少氟时，牙齿易"蛀蚀"，但氟过多又会使牙釉质上出现棕褐色斑纹而且质脆易裂。人体氟的摄入主要来源于水，因此，爸爸妈妈要了解本地区水中氟的含量。

保护宝宝的乳牙

宝宝乳牙的生长要有充足的热量、蛋白质、钙、磷及维生素A、维生素D、维生素C和氟等。钙、磷是牙骨质的主要成分，若钙、磷及维生素D摄入不足，则会影响牙齿的正常形态和结构；若长期缺乏维生素A、维生素C，则牙齿会长得稀疏、短小，或者横七竖八，里进外出。所以，在宝宝出牙期，要注意营养，不断补充牙齿需要的钙和磷，而且要注意加维生素D，在4～6月要给宝宝服用维生素D和钙片，饮食中注意添加蛋黄、菜泥、果泥、鱼泥、肉泥、骨头汤、烂面条、饼干、馒头片等。

❀ 做好口腔卫生的清洁

乳牙阶段是宝宝生长发育的重要时期，也是龋齿易发时期，从口腔卫生角度，要求宝宝从小就要清洁口腔。口腔细菌从人的婴幼儿时期起，就在口腔内生长繁殖。进行口腔清洁的做法是，用消过毒的干净纱布蘸淡盐水，轻擦宝宝的口腔牙床。

❀ 不正确的哺乳姿势影响牙齿发育

人工喂养时，宝宝吃奶的姿势、奶瓶的位置、奶嘴孔大小，都对牙齿发育影响很大。因此妈妈在喂养宝宝时一定要注意采取正确的姿势，使宝宝吮吸时下颌前伸运动近似于吮吸母乳，这样就不会影响到下颌骨的正常发育，避免引起宝宝牙颌畸形。

❀ 关注宝宝出牙时的表现

宝宝开始长牙时，由于乳牙即将萌出，距离龈缘很近，会刺激牙龈充血、肿胀发痒，这时宝宝通常喜欢咬自己的手指，吃奶时咬奶头，咬硬东西、咬玩具，连续几天烦躁不安，哭闹增多，流口水。出现这些情况不必紧张，可给宝宝一些硬食物如饼干、苹果来啃咬，刺激牙床促使牙齿萌出。个别宝宝还有可能发低烧、哭闹等，症状因人而异。这些反应主要是由出牙对口腔黏膜的机械刺激所引起，一般不需要专门治疗，待牙齿长出来后，症状就会自然消失。另外应注意让宝宝少吃甜食多喝水。

❤ 专家指导

宝宝常流口水要警惕

当宝宝口腔发炎，而引起牙龈炎、疱疹性龈口炎时比较容易流口水，所以遇到这种突然性口水增多时，爸爸妈妈应及时带宝宝到医院检查和治疗。

智能的开发与训练

5个月大的宝宝，随着感知觉的提高，面对这丰富多彩的世界，小宝宝更需要父母倾注更多的爱和时间，陪宝宝认识周围的世界。

锻炼宝宝手部肌肉的力量

训练宝宝手部肌肉运动能力时，妈妈或爸爸可将宝宝抱成坐位，面前放一些色彩鲜艳的玩具，边告诉宝宝各种玩具的名称，边引导宝宝自己伸手去抓握。开始训练时，玩具要放置在宝宝一伸手就可抓到的地方，如果宝宝已经能够比较容易的抓到后，再慢慢地移到稍远的地方。在此基础上还可以在宝宝左手或右手已经拿到一个玩具后，再向宝宝的同一只手递玩具，观察宝宝是将原来到手的玩具扔掉再拿另一个玩具，还是学会了将玩具传到另一只手上。然后试着将宝宝不喜欢的玩具递过去，让宝宝练习推开的动作，还可以将宝宝喜欢的玩具从他手中拿过来再扔到宝宝身边，让宝宝练习拣东西的动作，玩具的个头应从小到大，以锻炼宝宝手部肌肉的力量。

帮助宝宝学习爬行

5个月的宝宝趴着的时候，已经能够神气十足的挺胸抬头了，有时还会胸部离床，将上身的重量落在手上；有时甚至双腿也离开床铺，身体以腹部为支点在床上打转。这时，妈妈或爸爸可以用手抵住宝宝的足底，并用色彩鲜艳的玩具在前面引逗，宝宝就会以足底为基点，用上肢和腹部的力量开始向前匍行。如果妈妈或爸爸放开抵住宝宝足底的手，这时的宝宝如果越往前使劲，由于失去了足底的基点，在手部力量的作用下，身体反而越向后面匍行。如此反复练习，宝宝就会很快学会爬行了。

🌸 训练宝宝下肢的保健操

宝宝动作的发展在1岁之内是最迅速的，除了日常训练外，还有一个好的办法就是做婴儿保健操，下面介绍一些训练宝宝下肢的保健操方法。

💗 伸屈踝关节（2个八拍）

预备姿势为宝宝仰卧，妈妈右手操作宝宝的左踝部，左手握住左足前掌。①将宝宝足尖向上，弯曲踝关节；②足尖向下伸展踝关节；③动作同①；④动作同②；⑤～⑧动作同①～④。后八拍换右足，做伸展右踝关节动作。注意伸屈时，动作要自然，切勿用力过猛。

💗 两腿轮流伸屈（2个八拍）

预备姿势为妈妈两手分别握住宝宝两膝关节下部。①屈宝宝左膝关节，使膝缩近腹部；②伸直左腿；③～④屈伸右膝关节；⑤～⑧动作同①～④；左右轮流，模仿蹬车动作。注意屈膝时，稍微帮助宝宝用力，伸直时动作放松。

💗 下肢伸直上举

预备姿势为两下肢伸直平放，妈妈两手掌心向下，握住宝宝两膝关节。①～②将宝宝两下肢伸直上举过头；③～④动作还原；⑤～⑧动作同①～④。注意两下肢伸直上举时，臀部不离开桌(床)面，动作轻缓。

💗 转体、翻身

预备姿势为宝宝仰卧并腿，两臂弯曲放在胸腹部，妈妈左手扶胸部，右手垫于宝宝背部。①～②轻轻地将宝宝从仰卧转为右侧转体、翻身卧；③～④动作还原；⑤～⑧妈妈换手，将宝宝从仰卧转为左侧卧，后还原。注意侧卧时，宝宝的两臂自然放在胸前，使头抬高。

训练宝宝学坐的方法

学坐对宝宝来说，也是一个重要的成长过程。这件事情在我们看来也许很容易，但对正在成长中的宝宝来说就不那么容易了。不过，只要妈妈掌握一些正确的方法，宝宝就会轻松快乐地学会坐。5个月宝宝，仰面躺着时妈妈

用双手慢慢拉起宝宝，然后把上身扶直，稍坐片刻后，再让宝宝仰面躺下，妈妈用双手夹住宝宝腰部或腋下，扶成站立的样子，记住两只小脚要分开些。然后，把宝宝的身体向后、向下推按，让宝宝坐下，但要扶直上身，稍坐片刻再重新开始练习这个动作，每次练习4～6次。通过以上训练，当宝宝6个月时，预计自己就会独坐片刻了。

认知能力的训练

教宝宝认识周围的日常事物时，妈妈或爸爸应该给宝宝准备一些色彩鲜艳、图幅较大的卡通画报，一边给宝宝看，一边讲画报上的卡通形象，如1只猫、1根香蕉等。经过多次练习后，宝宝对小狗、小猫、香蕉、灯、花、鸡等名字有了记忆之后，再教宝宝听到物名后用手指出来。一般来讲，宝宝最先学会指认的是在眼前变化的东西，如能发光的、音调高的或会动的东西，如灯、电视机、机动玩具等。宝宝语言能力的发育，一般规律是先听懂之后才能学会说，所以指认物名是第5个月宝宝的训练重点。进行这种听到声音并与相应物品相联系的指认物名训练时，妈妈或爸爸一定要有极大的耐心和热情。训练时，要一件一件地认，一点一点地学，一次不要同时认好几件东西，只有经过逐件物品的反复温习才能使宝宝记得牢，认得准。

触摸能力的训练

第5个月的宝宝不仅头已竖得很稳，而且视野也更加扩大，对周围环境的事物开始表现出浓厚的兴趣。根据宝宝此时的发育特性，妈妈或爸爸就可以开始对宝宝进行触摸感知能力的训练了。在训练之前，细心的妈妈或爸爸一定要注意观察宝宝平时最爱看什么，对什么东西最感兴趣，并从中找出宝宝最喜欢的东西让宝宝触摸。比如木制的玩具、铁制的玩具或绒毛玩具等。在对上述各种玩具练习触摸手感的基础上，再找出平绒、粗棉布、劳动布、针织品等各种材质的织物，缝成一个个垫子，垫在宝宝身下，不仅让宝宝用小手摸来摸去，还要让宝宝的身体在上面蹭来蹭去，让他体会和感觉各种布料的不同质感。但要注意的是不要让宝宝的身体在具有化学纤维成分的小垫子上磨蹭时间过长，以免刺激到皮肤。

育儿小百科

父母要花一定的心思和时间陪宝宝玩，并且要选择一些能引起和维持宝宝兴趣以及适宜宝宝年龄的游戏。

视觉能力的训练

对宝宝的视觉感知训练随时随地都可以进行，在日常生活中，爸爸或妈妈要经常把宝宝所看到的物体，尽量用语言来强调指出，以便使宝宝能够把听到、看到的与感觉到、认识到的东西联系起来。比如宝宝喜欢看灯，妈妈或爸爸就可把台灯拧亮又拧灭，逗引宝宝的视线落在台灯上，然后告诉宝宝说这叫"灯"，说"灯"字时口型要明显，发音要准确、清晰，使宝宝把声音和发亮的物件联系起来，以后妈妈或爸爸再说到灯时，宝宝就会自己抬头看灯了。

听觉能力的训练

妈妈或爸爸可以先拿一些可以发出响声的玩具，弄出响声来让宝宝注意倾听。等宝宝有了反应之后，妈妈或爸爸再从宝宝身边走到另一个房间或躲在宝宝卧室的窗帘后面，叫着宝宝的名字让宝宝寻找。如果宝宝找不到，妈妈或爸爸可以露出头来吸引宝宝，直到宝宝注意到为止。进行这种听觉感知训练，声音要由弱到强，距离要由近到远，循序渐进地锻炼宝宝的听觉能力。还可以给宝宝听悦耳的八音盒或电子玩具，甚至听动物的叫声、鸟类的啼鸣声，以及各种交通工具的声音等，以扩大声音的范围，观察宝宝的反应。此外，要注意音乐应和谐、动听美妙。

专家指导

宝宝喜欢欢快有节奏的声音

第5个月的宝宝，对音乐已经具有初步的记忆力，不仅能够表现出明显的情绪，而且对音乐有了初步的感受能力，可以配合着音乐的节拍摆动四肢。这个月的宝宝特别喜欢节奏明显的儿歌，虽然宝宝还不懂儿歌的意思，却喜欢儿歌那欢快的节奏和有韵律的声音。

音乐记忆力训练

在音乐记忆力训练中，最有效的方法就是让宝宝反复听一首儿歌，如果有条件的话，还可用画有相应形象的彩色图片或实物与儿歌相配合，比如给宝宝放小蝌蚪找妈妈的音乐，并让宝宝看这些图片，爸爸或妈妈做相应的解说，这样就可以做到声、物、情融为一体，从而极大地调动起宝宝的兴趣和愉快的情绪，使其记忆力得到最大限度的强化。此外，还应给宝宝听一些模仿动物的叫声或生活中、大自然中的各种音响，以丰富宝宝的音乐内容。

🌸 训练下肢协调能力的游戏

做滚球游戏时，可以让宝宝趴着，先让宝宝触摸一下有铃铛的球，然后把球放在宝宝的手边滚动。接着，再从稍远的地方将球滚向宝宝，甚至从宝宝身边滚过。滚动的球就会引导宝宝移动整个身体追寻球的去向。然后妈妈或爸爸先抓住宝宝的脚，让宝宝的脚被动踢球。刚开始时，宝宝肯定不会踢，不是用脚从上面蹬踩球，就是用脚踝笨拙地碰球。等宝宝把球碰出去后，妈妈或爸爸再把球用手挡回来。当宝宝看到自己的脚把球碰出去然后又弹回来的时候，一定会表现出很兴奋的样子。经过这样多次练习，如果妈妈或爸爸再把球放在宝宝的脚边时，宝宝就会自动踢球了。

🌸 提升身体协调能力的游戏

到了第5个月时，宝宝的脖子稳固后可以进行这种平衡游戏。妈妈或爸爸扶住宝宝手肘及肩膀，将卧躺的宝宝扶起来，一边哼唱"摇啊摇，摇到外婆桥……"的歌谣，一边把宝宝拉起来，这时宝宝的身体就会有悬空的感觉。通过这种游戏，可以训练宝宝的平衡感。

🌸 锻炼观察模仿能力的游戏

让宝宝面对着你，然后妈妈试着做张大眼睛、伸出舌头、动动鼻子、鼓起脸颊等各种动作。玩玩看！宝宝可能会试着模仿你。一旦宝宝模仿妈妈了，你就再模仿回去，这样的游戏会让宝宝很开心。宝宝也可以和其他亲属玩这个游戏，每个人都会喜欢这种互动。

本月宝宝智能发育测试

根据下列要求，测试一下宝宝各项智能发育都过关了吗？

大动作

扶腋下能站立。双手扶宝宝腋下，站在床上或大人腿上。如果宝宝能站立2秒以上，则表明宝宝达到5个月智能发育标准。

精细动作

抓住悬吊玩具。让宝宝仰卧，逗引他够取悬吊在胸前的玩具，宝宝如果能主动够取、抓住玩具，则表明宝宝达到5个月智能发育标准。

认知能力

玩具失落后两眼跟着找。抱坐，用红线球（直径10厘米）在宝宝眼睛水平方向引起其注视时，将球滚落在地上，大人手仍保持原姿势，观察宝宝反应。当球落地后，如果宝宝能立即低头寻找，表明宝宝达到5个月智能发育标准。

言语交流

能模仿大人发出的重复音节。宝宝醒着高兴时，大人与其面对面，对宝宝发出重复音节，如"ba ba""da da""ma ma"等语。如果宝宝会模仿大人发出重复音节，表明宝宝达到5个月智能发育标准。

情绪与社会行为

望着镜中的人笑。把宝宝抱到穿衣镜前，逗引他观察镜中的人像，如果宝宝会对镜中人笑，则表明宝宝达到5个月智能发育标准。

第七章

5～6个月：养成
良好的生活习惯

6个月的宝宝已经懂得领会亲情，当爸爸妈妈围在宝宝身边，逗宝宝说话的时候，宝宝会高兴得手舞足蹈，一旦父母离开，宝宝就会情绪低落甚至哭闹起来。在这个月里，妈妈要让宝宝养成良好的生活习惯，包括进食、睡眠、大小便等。

本月身体发育特点

6个月的宝宝皮肤变得非常光滑，小手和小脚总是不停地晃动，嘴里喜欢喃喃自语，宝宝眼睛明亮而有神，听觉非常敏感。另外，宝宝变得越来越好动，对这个世界充满了好奇心。

身高

这个月男宝宝的平均身高约为67.8厘米，女宝宝的平均身高约为65.9厘米。运动对宝宝身高的增长有很大促进作用。户外活动不但促进宝宝的智能发育，还能让宝宝沐浴阳光，促进钙的吸收，使骨骼强壮。

体重

这个月男宝宝的平均体重约为7.8千克，女宝宝的平均体重约为7.2千克，可增长450～750克。这个月的宝宝，开始喜欢吃乳类以外的辅食。厌食牛乳的宝宝，在这个月里也可能开始爱吃牛奶了。所以食量大、食欲好的宝宝，体重增长可能比上个月还大。如果每日体重增长超过30克或10天体重增长超过了300克，就应该适当减少牛乳量。

头围

这个月男宝宝的平均头围约为43.8厘米，女宝宝的平均头围约为42.8厘米。头围的增长从外观难以看出，增长的数值也不大，测量时如果不能把握正确的测量方法，最好请医生测量，以免由于测量上的误差，给爸爸妈妈带来不必要的烦恼。

🌸 囟门

这个月的宝宝，前囟尚未闭合，还有0.5～1.5厘米。关于前囟，爸爸妈妈最担心的是，前囟闭合过早会不会影响大脑发育。如果前囟确实是过早闭合，妈妈的担心也是有一定道理的，但大多数情况是宝宝前囟小所造成的一种假象。

🌸 进入咿呀学语阶段

这个月的宝宝，仍然不会说话，但已进入咿呀学语阶段，对语音的感知更加清晰，发音变得主动，会不自觉地发出一些不很清晰的语音，会无意识地叫"mama""baba"。宝宝只要不睡觉，嘴里就一刻不停地"说着"，尽管爸爸妈妈听不懂宝宝在说什么，但还是能够感觉出宝宝所表达的意思。当爸爸问宝宝"妈妈在哪里？"时宝宝就会朝妈妈看，脸上露出欣喜的样子。有时宝宝还把自己的小嘴嘟起，嘴里噗出泡泡来。这一切都说明，宝宝的语言能力有了很大的提高。

🌸 有比较敏锐的听力

6个月的宝宝已经有了比较敏锐的听力，并对听到的声音有了记忆能力。能听出爸爸妈妈和看护人的声音，并会在听到这些声音时，转头找他们。比如晚上闭了灯，宝宝哭闹时，妈妈和宝宝说话或哼摇篮曲时，即使宝宝看不到妈妈，也没有用身体接触到妈妈，哭声都会停止的。如果是陌生人说话，就不会让宝宝停止哭，可能会哭得更厉害。

🌸 视野扩大了

这时的宝宝已经能够自由转头，视野扩大了，视觉灵敏度已接近成人水平。手眼协调能力增强。对于这个月的宝宝来说，单纯的看已经不是目的了，他要在看的过程中，获得认识事物的能力。因此，这时对宝宝展开潜能的早期开发，会收到事半功倍的效果。

身体协调能力的提高

·会伸手够东西。6个月的宝宝，眼神更加灵活，如果把玩具弄掉了，他会转着头到处寻找，会伸手够东西或从别人手里接过东西。这时的宝宝仍然不知道什么能放到嘴里，什么不能放到嘴里，所以总是把手里的东西放到嘴里吸吮或啃咬。

·脚尖蹬地。这时的宝宝肢体活动能力增强，脚和腿的力量更大了，试着让宝宝站在你的腿上，会感到小脚丫蹬得你有些痛。宝宝会用脚尖蹬地了，身体不停地蹦来蹦去。但比较安静和内向的宝宝，可能会较少蹦跳。

离开父母会恐惧

这个阶段宝宝在生活中充满了无穷的活力。给他喂奶或换尿布时总是扭来扭去的，抱他时他又弓背又弯身。此时的宝宝已经有比较复杂的情绪了，高兴时会笑，不称心时会发脾气，父母离开时会害怕、恐惧。所以，要注意不要在生人刚来时突然离开宝宝，也不能用恐怖的表情和语言来吓唬宝宝，更不能把自己的情绪发泄在宝宝身上，对宝宝冷落、不耐烦、甚至打骂。要让你的宝宝在快乐中成长，你首先要保持一个良好的心态，因为父母的一言一行对孩子都很重要。这个阶段是宝宝最爱交际的时候，他也许已经学会以伸手、拉人或发音等方式主动与人交往，所以，家长一定要好好利用宝宝这个阶段的特点。比如可以带他去郊游，见各种各样的人，教他说"您好"，挥手说"再见"。当你出门或在旁边叫他时，他能意识到自己的名字并把头转过去。

科学的营养饮食

第6个月是增加辅食品种，满足宝宝更多食欲的好时机。因为宝宝在本月以前已经有了一段时间的辅食经验了，面对辅食，宝宝可不再是一无所知了，他能清晰的感觉出小勺里的食物和奶嘴里的食物可是完全不同的。

添加辅食的品种

这个月的宝宝可添加固体食物。如粥、软面、小馄饨、烤馒头片、饼干、瓜果片等，以促进牙齿的生长并锻炼咀嚼吞咽能力，还可让宝宝自己拿着吃，以锻炼手的技能。还可添加杂粮，可让宝宝吃一些玉米面、小米等杂粮做的粥。杂粮所含的营养素高，有益于宝宝的健康成长。另外，可增加动物性食物的量和品种，如可以给宝宝吃整只鸡蛋了，还可增添肉松、肉末等。为使宝宝的营养均衡，每天的饮食要有五大类，即母乳、牛乳或配方奶等乳类，粮食类，肉、蛋、豆制品类，蔬菜、水果类及油脂类。

专家指导

做辅食的注意事项

给宝宝制作辅食时，要避免营养成分的流失。带皮的蔬菜或水果连皮一起蒸、烤或放入微波炉中，煮好后再剥皮。最好用蒸、加压或不加水的方法烹煮蔬菜，尽可能减少与光、空气、热和水接触，以减少维生素的损失。

每天吃适量的蔬菜

由于6个月左右的宝宝体内协调酸碱平衡的功能较成人低，因此，更应该重视宝宝的饮食营养合理及平衡。爱吃肉、不爱吃蔬菜的宝宝容易生病，在一定程度上与此有关。食物有助于维持体内酸碱平衡，所以要引导宝宝不偏食，尤其要保证每天都要吃定量的蔬菜。

🌸 不要用辅食替换母乳

母乳仍然是这个月宝宝最佳的食品，不要急于用辅食把母乳替换下来。上个月不爱吃辅食的宝宝，这个月有可能仍然不太爱吃辅食。但大多数母乳喂养的宝宝到了这个月，就开始爱吃辅食了。不论宝宝是否爱吃辅食，都不要因为辅食添加而影响母乳喂养。

🌸 经常更换辅食的种类

如果宝宝把喂到嘴里的辅食吐出来，或用舌尖把饭顶出来，用小手把饭勺打翻，把头扭到一旁等等，都表明他拒绝吃"这种"辅食。妈妈要尊重宝宝的感受，不要强迫。等到下次喂辅食时，要更换另一品种。如果宝宝喜欢吃了，就说明宝宝暂时不喜欢吃前面那种辅食，一定先停一个星期，然后再试着喂宝宝曾拒绝的辅食。这样做，对顺利过渡到正常饭食有很大帮助。

🌸 成人饮食不适合宝宝

如果能够充分利用成人饮食，有选择地作为宝宝的辅食品，可以省力。但成人饭菜是否适合宝宝，妈妈往往没有把握。成人饭菜在咸淡、油量、生熟、品种和形式上，是不适宜宝宝的。宝宝应该吃更少的盐，宝宝也不能适应较大的油量，尤其是动物油。宝宝应该吃更熟烂的饭食。有的食品不适宜宝宝食用，如辛辣、带刺、带筋的食品。宝宝更适宜汤类、羹类、粥类食品，不适宜干饭和煎、炒、炸等食物。如果为了宝宝的辅食，父母就改变自己的饮食习惯，也是不合适的，毕竟这个月的宝宝仍然以乳类为主。

餐后不宜马上吃水果

水果中有不少单糖物质，极易被小肠吸收，但若是堵在胃中，就很容易形成胀气，以至引起便秘。所以，在饱餐之后不要马上给宝宝食用水果。而且，也不主张在餐前给宝宝吃，因为宝宝的胃容量还比较小，如果在餐前食用，就会占据一定的空间。最佳的做法是，把食用水果的时间安排在两餐之间，如午睡醒来后，这样，可让宝宝把水果当作点心吃。

给宝宝选用水果时，要注意与体质、身体状况相宜。舌苔厚、便秘、体质偏热的宝宝，最好给吃寒凉性水果，如梨、西瓜、香蕉、猕猴桃、芒果等，它们可败火；而荔枝、柑橘吃多了却可引起上火，因此不宜给体热的宝宝多吃。

育儿小百科

消化不良的宝宝应给吃熟苹果泥，而食用配方奶便秘的宝宝则适宜吃生苹果泥。

充分做好断奶的准备

年轻的父母大都知道母乳哺育宝宝的好处，但宝宝习惯吃母乳以后，到了该断奶时又有了新问题，不少妈妈不忍心让宝宝受罪，奶断了一次又一次，到宝宝满周岁时仍断不了。事实上，母乳在宝宝半岁以内是最好的天然食品，从6个月开始就该考虑给宝宝断奶了。到1岁以后如果宝宝仍不断奶，母乳就会不够吃，严重时还会出现营养不良。所以，妈妈应果断、适时地给宝宝断奶。但对一个幼小的宝宝来说，断奶是十分困难的，父母应该在正式断奶之前做好充分的过渡工作，了解断奶的时间和方式，这样才可以帮助宝宝顺利断奶。

精心的日常呵护

当宝宝长到6个月时，生活就比较有规律了，基本上能够做到定时饮食、定时睡眠，但在日常护理中，爸爸妈妈还是不要掉以轻心。

训练宝宝小便的方法

宝宝在睡前、醒后、喂完奶和水后15分钟都有可能有尿，这时给宝宝把尿，并把排尿的无条件反射同一些条件刺激联系起来，如发"嘘——嘘——"声。经过一段时间的训练后，当宝宝一解开尿布并听见"嘘——嘘——"声后，即使膀胱内有尿但未胀满，也会排尿。

训练宝宝大便的方法

宝宝大便时一般表现为，停止其他动作，安静下来，脸上有"一本正经"的样子，并且涨得发红。一遇到这种情况就要及时把宝宝大便。把的时候一定要让宝宝感觉到很舒适，同时发出"嗯——嗯——"的声音。在宝宝6个月的时候，可以开始训练宝宝坐便盆大便，便盆最好放在固定的、光线充足的地方，以免因黑暗引起宝宝不安、干扰便意和条件反射的形成。宝宝大便时，父母应守候在旁边，这样才能使宝宝安心排便，同时也可以及时清理宝宝的粪便。

宝宝的心理训练

妈妈可以有意识地让宝宝了解去便便、去厕所是什么意思并且能听懂你的指示与动作。当宝宝认知能力到了解某些单字或语汇之后，才能听得懂对他所提出的口语指令，如"便便""嘘嘘"等日常生活中的行为。当宝宝尿湿或弄脏裤子时，要清楚地告诉他宝宝尿尿了、宝宝大便了。

✿ 小动物陪宝宝安然入睡

给宝宝买一个棉布小动物，或者把他自己喜爱的一个小枕头给他，让宝宝可以借着拥抱自己的这些安慰物安然进入梦乡。不久之后，你就会发现，即使你不在宝宝的身边，他也能安静地睡觉了。

✿ 营造良好的睡眠环境

每天晚上在相同的时间开始睡前准备。首先，给宝宝洗个澡，为他讲个小故事，调暗灯光，放一段柔和的音乐。这样会给宝宝一个信号，已经到了睡觉的时间。接下来，在宝宝昏昏欲睡的时候把他放到婴儿床上，然后轻轻离开，让他独自入睡。如果宝宝哭了，妈妈可以安慰宝宝，给他讲故事、唱催眠曲，直至他睡着再离开。千万不要他一哭闹就陪他睡，更不要表现出急躁情绪或斥责他。

✿ 按时上床入睡

每天同一时间把宝宝放到婴儿床上，让他得到睡觉的信号。此时无论他是昏昏欲睡还是处于清醒状态，妈妈都要离开房间。如果宝宝出现哭闹时，就先让宝宝哭5分钟，然后再用平静的声音安慰她，但绝不抱宝宝，然后在房间里最多停留2~3分钟就离开。当宝宝再一次哭闹时，就等上10分钟再进去，第三次，就等待15分钟，这样，大概3~4天左右，宝宝就适应独睡了。

♥ 专家指导

慢慢习惯独自入睡

要给宝宝一个缓冲期，让他一步步地习惯独自睡觉。可以先让宝宝白天小睡时自己独睡，再让他慢慢习惯夜里也能独睡。

❀ 不要干涉宝宝对物品的依恋

面对宝宝对物品的依恋，只要情绪、行为等方面发育正常，对物品的依恋就不是异常的。一般来说，多数宝宝只是在特定的时候才需要依恋物，如必须抱着枕头或玩偶、手捻被面才可入睡等。对于这种情形，妈妈一般无需干涉，更不应生硬地制止甚至强行夺走宝宝的依恋物。

❀ 恋物是自然过程

当宝宝因为想睡觉、肚子饿、尿片湿了、兴奋、不顺意的愤怒情绪等情形出现时，父母可能会随手拿些替代物来安抚孩子的情绪，这些经常被随手拿来使用的物品有奶嘴、纱布、柔软的毛巾、被子、枕头、娃娃等，只要不使用过度或不当使用，随着宝宝年龄的增长，人际关系的拓展与生活作息正常化，多数的宝宝是不会对这些替代慰藉物产生依恋情形的。

❀ 恋物习惯与育儿有关

人类的成长是一连串由依赖到独立的发展过程，从依赖母亲的子宫开始，成熟了就独立脱离母体出生了。婴儿期同样也从依赖喝奶吸收营养以维持生命成长，到成熟了就自然会跟母乳或奶粉告别。父母在育儿的过程中，或许不会把一些依恋的物品看作有害的东西，但是宝宝对它的癖好一旦形成，可能就会发展成对某些特定物品的强烈依赖，进而影响到他独立健康人格的发展，所以，父母亲千万不可忽视这个问题。

疾病的预防与护理

父母别忘了为宝宝及时接种疫苗，并注意细心护理患病的宝宝，这些看似老生常谈的内容，对爸爸妈妈来说还是很有必要时时提醒的。

接种乙肝疫苗第3针

乙型肝炎疫苗的第3针应在宝宝满6个月时接种。因为与第2针相隔时间较长，有的父母往往会忘记。如第3针不接种的话，不但对乙型肝炎病毒的免疫效果不好，而且对乙型肝炎病的抵抗力也会降低。接种后一般没有什么不良反应。

接种乙脑疫苗

乙脑疫苗的全称叫"流行性乙型脑炎疫苗"，本月初次接种，共2针。一般在接种第1针后70天接种第2针。

专家指导

接种乙脑疫苗后的护理

一般注射疫苗后会出现一些反应，如发烧（不超过38.5℃）、烦躁、食欲不振等，这些都是正常的。可以给宝宝多饮水，一般1～2天症状会消失，如果持续时间长，体温升高异常就要及时就医，不要盲目服药，以免影响疫苗接种效果。

接种脑脊髓膜炎疫苗

宝宝6个月初次接种脑脊髓膜炎疫苗，需间隔3个月即9月龄时接种第2针。在宝宝3岁和6岁时分别接种第3针和第4针。

不要滥用广谱抗生素

在宝宝的腹泻治疗和护理中，最易出现的错误是在不该服用抗生素的情况下，给宝宝吃抗生素，而且吃很高级的广谱抗生素。这对宝宝的健康其实是一种伤害。肠道内存在着大量的非致病菌，这些正常的菌群之间维持着一种生态平衡。每个宝宝肠道自身都维持着这一生态平衡。不正确使用抗生素，尤其是广谱抗生素，会杀灭肠道内的正常菌群，导致菌群失调，使肠道内环境遭受破坏，从而出现肠道功能紊乱，致病菌就会乘虚而入引发细菌性肠炎。所以，父母给宝宝服用抗生素时一定要谨慎。

流行性感冒的治疗

天气转凉，尤其是进入冬季以后，流行性病毒感冒病例就会明显增加。6个月的宝宝很容易被感染。一般来说，初期症状明显，包括高热、头痛、喉咙痛、肌肉酸痛、全身无力等，流感的发烧可能会持续3～5天。严重时，还可能并发肺炎，需要住院治疗。

宝宝呕吐的应对

呕吐通常是胃或肠不舒服所造成的，也可能是以下一些问题的症状，如盲肠炎、肺炎、喉炎或脑膜炎。呕吐和溢奶是不同的，溢奶通常发生在喂奶后，宝宝只溢出少量喝下去的东西。宝宝呕吐时，会将胃内的东西排出来。其他可能伴随呕吐出现的症状还包括发热、食欲不振、咳嗽、便秘、腹泻或脱水等。宝宝呕吐时，别强迫宝宝进食，可让宝宝摄取流质食物，以避免脱水。如果宝宝一再呕吐或呕吐持续数小时以上，一定要立刻就医。

正确处理宝宝鼻充血的方法

宝宝鼻充血，无法用鼻子自由地呼吸，造成这种情形的原因可能是上呼吸道感染或过敏。症状包括一边或两边鼻孔有排出物、呼吸困难、发热、激动或焦躁不安、睡眠或喂食困难等，宝宝可能还会揉鼻子或抓鼻子。爸爸妈妈要用柔软的面纸或布轻轻地清洁鼻子。还可使用吸鼻器清除鼻道，让呼吸更顺畅。也可以使用温和的肥皂水和温水来清洗他鼻孔部位的黏液。未经医生指示，别给宝宝服用任何药物。如果鼻内的排出物呈血色、黄色或绿色，或宝宝持续发烧时，要立即联络儿科医生。除了使用加湿器以外，医生可能也会建议你使用鼻滴剂、抗生素和减充血剂。不过，只有在医生指示下才能使用这些药物。

预防传染性疾病

到了6个月以后，宝宝从妈妈那里带来的抗感染物质，因分解代谢逐渐下降以致全部消失，再加上此时宝宝自身的免疫系统还没有发育成熟，免疫力较低，因此就开始变得比以前更爱生病了。宝宝最容易患各种传染病以及呼吸道和消化道的其他感染性疾病，尤其常见的是感冒、发热和腹泻等。所以，预防传染病和各种感染性疾病，就成了妈妈和爸爸在宝宝日常护理中的主要内容之一。尤其要注意的是，在传染病高发时期，不要带宝宝到人多的地方去。

育儿小百科

由于宝宝在妈妈肚子里的时候，妈妈通过胎盘向宝宝输送了足量的抗感染免疫球蛋白，加之母乳含有的大量免疫因子，使出生后的宝宝安全地度过了生命中脆弱的最初阶段，所以一般情况下6个月以内的宝宝很少生病。

智能开发与训练

　　这个月爸爸妈妈应帮助宝宝独坐，以使宝宝的视野扩大，来接受更多的刺激，促进宝宝的大脑发育，并给宝宝一些玩具，使宝宝学会抓、玩。这个阶段爸爸妈妈要和宝宝多交谈，鼓励宝宝说话，并能说出简单的单词。

跳跃动作的练习

　　进行跳跃训练时，妈妈或爸爸要用双手扶着宝宝的腋下，让宝宝练习脚部力量。这个月虽然还是妈妈或爸爸扶着宝宝的两侧腋下，但不同的是，让宝宝站立在床上或桌上，等宝宝的双脚一接触到床或桌面时，就把宝宝提起来，并要给宝宝喊着口令，让宝宝随着口令跳跃。跳跃训练不仅可以使宝宝腿部的支撑力得到锻炼，同时，还可以培养宝宝的动作和口令之间的协调能力。

独坐能力的训练

　　·独坐前倾。是指宝宝勉强能坐，但坐不直，上身前倾，与床面约成45°的姿势。此时，爸爸妈妈要加以帮助，双手仍扶持着宝宝腰背部，并使宝宝手中拿一些玩具以协助坐直。或者在其腰的四周围上一条大毛巾，拉紧，使宝宝坐直，但平时不可围上东西让宝宝坐成前倾的姿势，否则，时间一长容易造成宝宝的脊柱弯曲。

　　·独坐自如。是指宝宝自己坐得很稳，能独立坐着自由玩耍，不需要爸爸妈妈的帮助。但在这个月，宝宝只能独坐片刻，此时爸爸妈妈应在宝宝面前放置玩具，让宝宝坐着玩弄些玩具，以逐渐延长其独坐的时间，以后可在宝宝的左右方都放置一些玩具或与他一起做游戏，以引导坐着的宝宝旋转上身，左看右看。总之，坐姿的训练不是一朝就能成功的，这需要长期的积累，日日训练。

❀ 用游戏和玩具培养爱心

社会是由人组成的，人与人之间要有爱心，社会才能和谐进步，所以妈妈和爸爸应从小就培养宝宝的爱心，这对宝宝长大以后形成社会亲和性具有十分重要的意义。用游戏和玩具培养宝宝的爱心可参考以下方法。妈妈和爸爸可以给宝宝买一些柔软的绒毛玩具，如小熊、小狗、娃娃等，这特别适宜女宝宝。把玩具交给宝宝以后，妈妈或爸爸应鼓励宝宝温柔地对待自己的玩具，并和自己的玩具一块儿做游戏。你可以教给宝宝怎样抱绒毛玩具，并做示范给宝宝看。这时的宝宝已经有了很强的模仿力，你的教导一定会让宝宝学会彬彬有礼和善意待人的好品德。经过这样的游戏，宝宝很快就会学会照顾自己的玩具了。

❤ 专家指导

寻找适合宝宝的游戏

每个宝宝都有自己的性格和喜好。有的宝宝喜欢比较剧烈的活动和比较有刺激性的游戏。有的宝宝喜欢相对安静、刺激小的游戏。爸爸妈妈要了解自己的宝宝，寻找适合您宝宝的游戏。

❀ 培养观察能力的游戏

妈妈开始教宝宝找东西，并让它成为一项游戏。先让宝宝坐在地上，利用宝宝喜爱的玩具，并将它的一部分藏在宝宝附近的毯子下，但要留足够看得见的部分，这样宝宝才能知道那是什么东西，然后再让宝宝去找玩具。如果宝宝需要帮助的话，就帮宝宝将毯子掀起来找到玩具。当宝宝找到玩具时，就会露出惊讶高兴的样子。接着妈妈要将玩具藏起来，然后慢慢拉开毯子，露出玩具，来和宝宝继续玩这个游戏。一旦宝宝了解这个游戏后，就可将玩具完全藏到毯子下让宝宝去寻找。

本月宝宝智能发育测试

6个月的宝宝长大了许多，但是，在智能发育方面能通过测试吗？

❀ 大动作

扶着站立。扶着宝宝的双臂使他站立，如果宝宝能站5秒以上，表明宝宝达到6个月智能发育标准。

❀ 精细动作

积木从一手传至另一手。将宝宝抱坐，递一方积木给宝宝拿住后，再向拿积木的手前递另一块积木，如果宝宝能将第一块积木直接传至另一手后，再去拿递来的第二块积木，表明宝宝达到6个月智能发育标准。

❀ 认知能力

抓去蒙在脸上的手帕。让宝宝仰卧，将一块干净手帕蒙在其脸上，如果宝宝能用手抓去脸上的手帕，表明宝宝达到6个月智能发育标准。

❀ 言语交流

听到"妈妈"朝妈妈看。父亲或其他人抱起宝宝，母亲则站在一旁，父亲问宝宝："妈妈呢？"当宝宝听到问话后能朝妈妈看，则表明宝宝达到6个月智能发育标准。

❀ 情绪与社会行为

与上个月类似开始认生。观察宝宝对陌生人的反应，如果宝宝看到陌生人后有明显的害怕、焦虑、哭闹等反应，表明宝宝达到6个月智能发育标准。

第八章

6~7个月：聪敏的宝宝开始认人了

大部分宝宝在这个月会坐或爬，并能弯腰捡起自己丢下的玩具。7个月大的宝宝也开始学习站立了，而且这时候的宝宝已经开始认人了。如果看到不认识的人，会紧紧搂着妈妈，这就是能区别妈妈和别人的表现，说明宝宝已经开始长智慧了。在这一时期里，不可以让宝宝寂寞地度过每一天。

本月身体发育特点

7个月的宝宝身体与感觉的发育都在继续，如果妈妈们细心观察，随时都会发现令人欣喜的变化，在这个月里，很多宝宝甚至已经开始学习站立了。不论是体型、牙齿、动作还是语言等方面都在进一步完善。

身高

这个月男宝宝的平均身高约为69.5厘米，女宝宝的平均身高约为67.6厘米。宝宝的身高平均增长2.0厘米。但这只是平均值，实际可能会有较大的差异，宝宝身高增长有时也像芝麻开花一样，一节一节的。这个月没怎么长，下个月却长得很快。爸爸妈妈要动态观察宝宝的生长。

体重

这个月男宝宝的平均体重约为8.3千克，女宝宝的平均体重约为7.7千克。宝宝的体重平均增长450～750克。体重与身高相比，有很大的波动性，受喂养因素的影响也比较大。如果这个月宝宝不太爱吃东西或有病了，体重都会受到较大的影响。

头围

这个月男宝宝的平均头围约为45厘米，女宝宝的平均头围约为44.2厘米。宝宝头围平均增长1厘米。1厘米的增长，对于头围来说，测量起来可能比较不出太大的差别，必须进行比较精确的测量才行。所以，父母不要简单测量一下，就贸然对其结果进行判断，这会带来无谓的烦恼。

❀ 囟门

7个月的宝宝前囟不会闭合的，而且前囟也不会很大了。一般是在0.5~1.5厘米之间。个别的已经出现膜性闭合。所谓膜性闭合，就是外观检查似乎闭合了，但经X射线检查并没有真正闭合。如果宝宝头围发育是正常的，也没有其他的异常体征和症状，没有贫血，没有过多摄入维生素D和钙，可动态观察，监测头围增长情况。如果头围正常增长，就不必着急。

❀ 对笑声有积极的反应

进入7个月的宝宝，对放出的音乐及爸爸妈妈欢快的说笑声都会有积极的反应。随着音乐，宝宝的嘴里也会"呜呜""啊啊"地"唱着"，听到爸爸妈妈说笑得那样高兴，宝宝也会欢快地张扬着小手，嘴里也在"吧""哒""喀"地说着，好像在告诉爸爸妈妈，"宝宝也要参加进来了"。此外，宝宝的听觉灵敏度也得到了发展，他不但认识妈妈的声音，还能听出妈妈的脚步声。宝宝会辨别自己的哭声，能区分出别的宝宝的哭声与自己哭声的不同。人工喂养的宝宝听到奶瓶的摆动声也会停止哭闹。宝宝对经常听的钟声、水声、敲门声也能一一辨认。

❀ 能注意远处活动的东西

这个时期，宝宝的视野会更加宽广，对身边的事物也会更加感兴趣了，对什么都会感到新奇。宝宝的远距离视觉开始发展，能注意到远处活动的东西，如天上的飞机、飞鸟等。看到这些，宝宝会长时间地注视着，嘴里也不发出响声了，好像在仔细地倾听。宝宝这时的视觉和听觉有了一定的细微观察及倾听的能力，这是宝宝观察力的最初形态。这时期的宝宝，对于周围环境中新鲜和鲜艳明亮的活动物体都能引起注意，有时也会积极地响应。宝宝对拿到的东西会翻来覆去地看看、摸摸、摇摇，这是观察力的萌芽。这种观察不仅和动作分不开，而且还可以扩大宝宝的认知范围，引起快乐的情感，对宝宝发展语言有很大作用。

从卧位到坐位

如果你把宝宝摆成坐直的姿势，宝宝将不需要用手支持而仍然可以保持坐姿。宝宝从卧位发展到坐位是动作发育的一大进步。当他从这个新的起点观察世界时，他会发现用手可以做出很多令人惊奇的事情来。他可能已经学会了如何将物品从一只手转移到另一只手、将身体从一侧转移到另一侧并进行反转。宝宝的翻身动作此时已相当灵活了。这时候宝宝尽管还不能够站立，但两腿能支撑大部分的体重。当妈妈扶着宝宝的腋下时，宝宝能够上下跳跃，当抱着宝宝坐在桌子边的时候，他会用手抓挠桌面，还可以够到桌上的玩具，会撕纸，会摇动和敲打玩具，两只手还可以同时抓住两个玩具。

发出爸爸、妈妈的声音

7个月的宝宝会自动发出"妈妈""爸爸"等声音，这说明宝宝已步入学习语言的敏感期。父母要敏锐地捕捉住这一教育的契机，在宝宝愉快或临睡前，要经常给宝宝念儿歌、说绕口令、讲故事。此时妈妈参与到宝宝的语言发育过程更加重要，这时宝宝开始主动模仿说话声，在开始学习下一个音节之前，宝宝还会整天或几天一直重复这个音节。他能熟练地寻找声源，还能听懂不同的语气、语调所表达的不同意义。现在宝宝对你发出的声音的反应会更加敏锐，并会尝试跟着你说话，因此家长要像教宝宝叫"爸爸"和"妈妈"一样，耐心地教宝宝一些简单的音节以及诸如"猫""狗""热""冷""走""去"等词汇。尽管至少还需要1年以上的时间，你才能听懂宝宝咿呀的语言，但周岁以前宝宝就能很好地理解你说的一些词汇了。

科学的营养饮食

　　进入这个月的宝宝应该是断乳期了，但还不能完全地取消乳制品，给宝宝喝的奶量保持在每天500毫升左右就可以了。

优先考虑营养

　　这个时期是断乳期的开始。需要添加的辅食不是以碳水化合物为主的米粉面糊，而是以蛋白质、维生素、矿物质为主要营养的食品，包括蛋、肉、蔬菜、水果，其次才是碳水化合物。所以，妈妈把喂了多少粥，多少面条，多少米粉来作为添加辅食的标准是不对的。因为奶与米面相比，其营养成分要高得多，如果由于吃了小半碗粥，而使宝宝少吃一大瓶奶，那是不值得的。这个时期宝宝的辅食主要通过吃蛋黄、绿叶蔬菜来补充铁和蛋白质，通过吃新鲜水果、蔬菜来补充维生素。

形成良好的饮食习惯

　　随着宝宝越来越大，越来越懂事，许多习惯也会慢慢形成，而良好的饮食习惯对宝宝的健康成长是很重要的。

　　首先，爸爸妈妈在给宝宝喂食时，应做到定时、定量、定场所，这将有利于宝宝生理节律的稳定、规律，利于形成宝宝的内在条件反射，以及消化系统的正常运行。

　　其次，应注意培养宝宝健康的卫生习惯，进餐前应先给宝宝洗净小手，带上围嘴或挡上小手帕。

　　另外，不要让宝宝边吃边玩，这样既不利于食物的消化吸收，又有可能使饭菜变凉，引起宝宝腹泻。只有让宝宝集中注意力吃饭，宝宝才能尝到食物的美味，增进食欲，身体才能更好地成长。

🌸 既喝汤又吃肉

有些爸爸妈妈总认为7个月的宝宝，牙没长出几颗，又没有什么消化能力，所以，给宝宝只喝汤不吃肉。其实，宝宝到了七八个月时，已经能进食鱼肉、肉末、肝末等食物了，是父母低估了宝宝的消化能力。还有的父母认为，汤的味道鲜美，营养都在汤里，所以只给宝宝喝汤就足够了。这样做会在很大程度上限制宝宝去摄取更多的营养。其实无论鱼汤、肉汤、鸡汤多么鲜美，其营养成分远不如鱼肉、猪肉、鸡肉。因此，爸爸妈妈在给宝宝喂汤的时候，也要同时喂肉，这样既能确保宝宝营养物质的摄入，又可充分锻炼宝宝的咀嚼和消化能力，并会促进宝宝乳牙的萌出。

🌸 不干涉宝宝吃食物的方式

宝宝渐渐地长大了，手的动作变得更加灵活，而且也有了自己的独立意识了。吃饭的时候，宝宝往往把手伸到碗里，抓起东西就往嘴里放，即使不是吃饭，宝宝只要看见什么了，不管是什么东西都喜欢送到嘴里，也许宝宝是要显耀自己的能力。为此，有些爸爸妈妈担心，怕宝宝因吃进不干净的东西生病，所以常会阻止宝宝这样做。其实，这是没必要的。宝宝发育到一定阶段就会出现一定的动作，这也是宝宝生长过程中必然出现的一种现象，这代表

着一种本能。宝宝能将东西往嘴里送，这就意味着宝宝已在为日后自己进食打下良好的基础，若禁止宝宝用手抓东西吃，可能会打击宝宝日后学习自己吃饭的积极性，不利于宝宝手部灵活性的锻炼，也不利于宝宝身体各部分协调能力的发展和培养。

喂奶前先吃些辅食

喂母乳的宝宝可在喂奶前先吃点辅食，如米糊、稠粥或煮得熟烂的面条等，刚开始时不要太多，不足的部分再用母乳补充，等宝宝习惯后，可逐渐用一餐来代替一次母乳。食欲好的宝宝，可每天喂两顿辅食，包括1个鸡蛋、适量的蔬菜、鱼泥或肝泥。注意蔬菜要切得比较碎。也可让宝宝嚼些稍硬的食物，以促进宝宝牙齿的长出及颌骨的发育。

挑食宝宝的喂养

宝宝对不喜欢吃的东西，即使已经喂到嘴里也会用舌头顶出来，甚至会把妈妈端到面前的食物推开。之所以这样，主要是因为宝宝的味觉发育越来越成熟，对各类食物的好恶就表现得越来越明显，而且有时会用抗拒的形式表现出来。但是，宝宝的这种挑食并不同于大孩子的挑食。

宝宝在这个月龄不爱吃的东西，到了下个月龄时就可能爱吃了，这也是常有的事。所以，爸爸妈妈不必担心宝宝的这种"挑食"，而是要花点儿心思捉摸一下，怎样能够使宝宝喜欢吃这些食物。为了改变宝宝挑食的状况，妈妈可以改变一下食物的形式，或选取营养价值差不多的同类食物来代替。比如，宝宝不爱吃碎菜或肉末，就可以把它们混在粥内或包成馄饨来喂；宝宝不爱吃鸡蛋羹，就可以煮鸡蛋或者荷包鸡蛋来给宝宝吃等。

❤ 专家指导

不要因为喂辅食而把熟睡的宝宝叫醒

给宝宝喂食物，要结合宝宝的睡眠习惯，不要因为要添加辅食而把熟睡的宝宝叫醒。

精心的日常呵护

随着宝宝越来越大，活动能力和活动范围比以前扩大很多，在日常护理中，爸爸妈妈更应该注重宝宝各方面的安全。

给宝宝足够的活动空间

这个月宝宝开始会在床上翻滚了，也开始学习爬，坐得也比较稳了。当宝宝醒着时，最好把他放在成人的大床上，或放在铺着地毯或木地板的地上，使宝宝有足够的空间锻炼翻滚，爬、坐着也舒服。如果是坐在带栏杆的床里，会挡住宝宝的视线，让宝宝感到很不舒服。婴儿床比较小，宝宝翻滚时很容易撞在栏杆上，头会被磕到，脚也可能被卡在栏杆缝隙中。如果为了给宝宝做辅食，或为了收拾室内卫生，或忙于其他的事情，而把宝宝放在婴儿床里很长时间是不安全的。

不要让宝宝长时间坐在婴儿车里

在带宝宝进行户外活动时，不要总让宝宝坐在婴儿车里，应选择一个比较安全的地方，再铺块毯子，把宝宝放到毯子上，让宝宝坐着或爬着玩。也可以让宝宝坐在草坪上，来看看周围的风景。喜欢小伙伴是宝宝们的天性，如果住地附近有儿童活动场所，还可以把宝宝带到一个比较安全的地方观看。

确保婴儿车的安全性

要经常检查婴儿车的安全性，以确定没有松脱或破损的部分；并要确定安全设计功能正常，例如刹车；还要确定有没有任何宝宝可能拔下来塞入嘴里的松动物品；并要检查轮子、固定带及其他配件，确定每样东西都处于良好状况；检查有无任何可能刺到或刮到宝宝的棱角。

💗 保证充足的睡眠

有的宝宝到了晚上11点以后还不睡觉，父母就开始担心了。因为晚上是生长激素分泌的高峰，错过了这个时期，就会导致生长激素分泌减少，宝宝可能会长不高。如果主要是保姆看护宝宝，要改变这种状况，就需要和保姆多谈话，让保姆来帮助改变这种睡眠习惯。早晨尽量叫醒宝宝，带宝宝到户外活动，傍晚不要让宝宝睡觉，这样会影响宝宝晚上入睡。但是，如果宝宝已经养成了不良的睡眠习惯，即使不让宝宝傍晚睡，早晨也早早地把宝宝叫醒，但宝宝还是很晚才入睡，那就不要勉强了，以免宝宝睡眠不足。

💗 注意宝宝排尿时哭闹

若女宝宝出现排尿时哭闹，爸爸妈妈要想到她是否患了尿道炎，并应及时到医院化验尿常规。若男宝宝出现排尿时哭闹，就要看一看他的尿道口是否发红，如果是尿道口发红则说明宝宝的尿道口可能发炎，致使排尿疼痛，这时妈妈可以用很淡的高锰酸钾水浸泡几分钟宝宝的阴茎。若有包皮过长，就要请医生诊治。但要注意，即使有包皮过长，也不要轻易手术，随着年龄的增长，包皮可能并不过长，过早切除会导致包皮过短，而使龟头裸露。

💗 专家指导

排尿训练不宜过早

有的妈妈在宝宝3～6个月时，甚至更早，就开始对宝宝进行排尿训练。由于宝宝太小，神经、肌肉尚未发育成熟，宝宝的认知和语言理解能力也不成熟，不能承受比较复杂的排尿训练，反而会造成排尿紊乱。

给宝宝轻松有趣的洗澡环境

7个月的宝宝已能很好地独坐了，两手抓握物品也较为灵活。这时有的父母不要因一时疏忽，而让宝宝单独坐在浴盆中，以免发生意外伤害，轻者会碰伤皮肤，重者会发生呛水甚至溺死于浴盆中。所以爸爸妈妈不仅要注意宝宝洗澡时的安全问题，还要想办法把洗澡变成让宝宝高兴的一件事情。妈妈或爸爸在为宝宝洗澡时，应该注意以下几点。

· 不要在宝宝困倦、饥饿或刚刚吃饱的时候洗澡。

· 给宝宝洗澡时要在一个温暖的房间里。

· 洗澡时妈妈或爸爸要面带笑容，用平缓的语调和宝宝说话。

· 要用轻松有趣的方式提高宝宝和水接触的兴趣。

· 不要让洗发水流进宝宝的眼睛里。

· 准备一块大毛巾，等洗完后马上把宝宝包起来。

· 要尽快把宝宝擦干并穿上事先准备好的衣服，以免着凉。

让宝宝爱上洗澡

洗澡的主要目的是清洁卫生，但如果方法得当，也可以把洗澡变成一件让宝宝高兴的事。在洗澡时可以给宝宝一些玩具，比如可以浮在水面上的皮球或塑料小鸭子，也可以选择一些可以贴在浴缸的侧面或瓷砖墙上的防水图片或带吸盘的卡通玩具，还可以让宝宝拿塑料小杯或勺舀水玩。妈妈或爸爸给宝宝洗澡的同

时要给宝宝讲故事或做游戏。这不仅可以引起宝宝对洗澡的兴趣，而且还可以把洗澡变成一件高兴的事，在妈妈和爸爸的陪伴下，一家人一起享受天伦之乐。

疾病的预防与护理

从宝宝出生后第7个月开始，由于体内来自于母体的抗体水平逐渐下降，而宝宝自身合成抗体的能力又很差，因此，宝宝抵抗感染性疾病的能力逐渐下降，所以容易患各种感染性疾病。

提高宝宝的抗病能力

为了使7个月的宝宝能提高抵抗疾病的能力，爸爸妈妈要积极采取措施来增强宝宝的体质，主要做好以下几点：

·按期进行疫苗接种，这是预防小儿传染病的有效措施。

·保证营养。各种营养素如蛋白质、铁、维生素D等都是宝宝生长发育所必需的，而蛋白质更是合成各种抗病物质的原料，原料不足就会使抗病物质的合成减少，宝宝对感染性疾病的抵抗力就差。

·保证充足的睡眠也是增强宝宝体质的重要方面。

·进行体格锻炼是增强宝宝体质的重要方法，可进行主被动操以及其他全身运动。

重视牙齿的检查

婴幼儿最常见的口腔疾病是龋齿，常见的咬合异常主要是反咬合，这些主要与不良的口腔喂养和清洁习惯有关。如果定期检查牙齿状况，就能够尽早发现疾病。第一，检查宝宝是否开始养成口腔清洁的习惯，方法是否科学和正确；第二，检查宝宝是否存在不良的口腔喂养习惯；第三，检查宝宝是否有口腔发育的异常；第四，检查宝宝是否存在一些口腔疾病。如果能及早发现宝宝的口腔疾病，尽早治疗，既可以避免治疗的复杂性和长期性，又可以避免宝宝遭受更多的病痛，家长也可以节省更多的时间和金钱，所以，爸爸妈妈一定要注意，及早检查，及早发现。

❀ 宝宝感冒的应对

1岁以内的宝宝由于免疫系统尚未发育成熟，所以很容易患感冒。宝宝一旦出现以下情况之一，爸爸妈妈就要立即带宝宝就医：

· 感冒持续5天以上；

· 体温超过39℃；

· 宝宝出现耳朵疼痛；

· 宝宝呼吸困难；

· 宝宝持续的咳嗽；

· 宝宝老流黄绿色、黏稠的鼻涕。

带宝宝去医院后，医生常会要求宝宝进行一些检查，这样才能知道感冒的病因。如果是病毒性感冒，并没有特效药，首要任务是照顾好宝宝，慢慢减轻症状，一般过上7～10天就好了。如果是细菌引起的，医生往往会给宝宝开一些抗生素的药物，家长一定要按时按剂量给宝宝吃药。如果宝宝发热，应当按照医生的嘱托服用退热药。

❀ 感冒宝宝的护理

· 充分休息。对于感冒，良好的休息是至关重要的，所以，家长应尽量让宝宝多睡一会，适当减少户外活动，别让宝宝累着。

· 照顾好宝宝的饮食让宝宝多喝一点水。充足的水分能使鼻腔的分泌物稀薄一点，容易清洁。让宝宝多吃一些含维生素C丰富的水果和果汁。尽量少吃奶制品，它会增加黏液的分泌。

· 让宝宝睡得更舒服。如果宝宝鼻子堵了，你可以在宝宝的褥子底下垫上一、两条毛巾，使宝宝头部稍稍抬高以缓解鼻塞。千万不要让2岁以下的宝宝直接睡在枕头上或将枕头垫在床垫下，这样很容易引起窒息或损伤颈椎。

· 保持空气湿润。可以用加湿器增加宝宝居室的湿度，尤其是夜晚能帮助宝宝更顺畅地呼吸。

❀ 高热惊厥的应对措施

高热惊厥是小儿较常见的危急重症，是由中枢神经系统以外的感染导致患儿身体处于38℃以上时出现的惊厥。父母应了解一些急救的知识，这样会有助于患儿得到及时准确的治疗，防止发生惊厥性脑损伤，以减少后遗症。

❤ 高热惊厥的症状

高热惊厥表现为在宝宝高热（体温39℃以上）出现不久，或体温突然升高之时，发生全身或局部肌群抽搐，双眼球凝视、斜视、发直或上翻，伴随着意识丧失，可能停止呼吸1~2分钟，重者出现口唇青紫，有时可能伴有大小便失禁，一次高热惊厥过程中发作次数仅一次者为多。历时3~5分钟，长者可至10分钟。

❤ 高热惊厥的应急处理

应使患儿平卧，将头偏向一侧，以免分泌物或呕吐物将患儿口鼻堵住或误吸入肺，万不可在惊厥发作时给宝宝灌药，否则有发生吸入性肺炎的危险。对已经出牙的宝宝应在上下牙齿间放入牙垫，也可用压舌板、匙柄、筷子等外缠绷带或干净的布条代替，以防抽搐时将舌咬破。解开宝宝的领口、裤带，用温水、酒精擦浴头颈部、两侧腋下和大腿根部，也可用凉水毛巾较大面积的敷在额头部降温，但切忌胸腹部冷湿敷。待患儿停止抽搐，呼吸通畅后再送往医院。如果宝宝抽搐5分钟以上不能缓解，或短时间内反复发作，预示病情较为严重，必须急送医院。在运送医院的途中，要多观察宝宝的面色有无发青、苍白，呼吸是否急促、费力甚至暂停。还应注意将口鼻暴露在外，伸直颈部保持气道通畅。

智能开发与训练

　　宝宝7个月的时候，大脑功能及神经系统在感觉学习中逐渐发展开来。在这一时期里，父母对宝宝有多少付出，就会得到多少回报，用心的投入将使你的宝宝获得惊人的良好素质。

锻炼颈背肌和腹肌

　　在锻炼宝宝的颈背肌和腹肌力量时，可以参考以下方法。先让宝宝仰卧，妈妈或爸爸握住宝宝的两只手腕，慢慢把宝宝从仰卧位拉起成坐位，然后再轻轻把宝宝放下恢复成仰卧位，如此来回反复坐起和躺下，就可使宝宝的颈背肌和腹肌得到锻炼。如果宝宝的手已经有很好的握力，妈妈或爸爸也可把大拇指放在宝宝的手心里，让宝宝紧握进行上述坐起和躺下的运动。

上下肢协调能力的训练

　　首先，要有一个适合爬行的场地，如在一个较大的床或木质地板上，铺上毯子或泡沫地板垫。要注意场地要平整而且要软硬适当，如果场地太软，宝宝爬起来就会比较费力；如果场地太硬，宝宝不仅爬起来不舒服，而且还可能使他娇嫩的手和膝盖受到损伤。同时，爬行场地要保证干净卫生，以免宝宝受到细菌感染。其次，在训练宝宝爬行时妈妈或爸爸要给予适当的协助。如果宝宝的腹部还离不开床面，妈妈或爸爸就要用一条毛巾兜在宝宝的腹部，然后提起腹部让宝宝练习利用双手和膝盖爬行。经过这样的协助之后，宝宝的上下肢就会渐渐地协调起来，等到妈妈或爸爸把毛巾撤去之后，宝宝就可以自己用双手及双膝协调灵活地向前爬行了。

坐墙头游戏

训练语言记忆能力。这个游戏是很好的情感联系形式，通过反复演练有助于宝宝体力的发育并增强其语言记忆力，有利于宝宝语言能力的提高。爸爸妈妈可以坐在地板上，将宝宝放在曲起的膝盖上。告诉宝宝："我们开始唱歌啦！"

小宝宝坐在墙头，笑呀笑呀笑笑笑。

小宝宝掉下墙头，哭呀哭呀哭哭哭。

随着儿歌的节奏抬起脚尖，让宝宝感受到有一种被弹起的感觉，当唱到"小宝宝掉下墙头"时，伸直腿让他"掉下来"。让宝宝感觉到"掉"的感觉和"掉"这个词的联系，加深其记忆。

专家指导

注意游戏中的安全

在进行坐墙头游戏时，爸爸妈妈的动作幅度要适当，如踮脚或让宝宝"掉下来"都要轻柔缓慢，注意不要伤着宝宝。

拣豆游戏

训练手部力量和灵活性。游戏前，妈妈或爸爸找一个广口瓶，再找一些爆米花之类比较好拿并可以吃的物品。游戏开始时，妈妈或爸爸可以先做个示范，一个一个地把物品拣起来，放进瓶里，然后再倒出来。如此反复，来回玩耍。在妈妈或爸爸的示范动作的启发下，宝宝就会模仿着做，开始学习捏取这些爆米花之类的小物品。这个游戏有个循序渐进的过程，开始时找些爆米花之类比较粗糙的东西，等宝宝比较熟练之后，再换一些如小糖豆等比较光滑难拿的东西，经过这样逐步升级的训练，宝宝的小手指就会越来越有力，越来越灵活。

本月宝宝智能发育测试

宝宝又长大了1个月，这个月里宝宝的能力是不是比上个月增加了不少呢?

🌸 大动作

扶双手站立。扶宝宝双手腕使其站立。宝宝如果能扶站10秒以上，表明宝宝达到7个月智能发育标准。

🌸 精细动作

拇指和其他手指配合抓起玩具。让宝宝坐在床上，将一小块积木放在他的手能抓到的地方，如果宝宝能用拇指和其他四肢配合抓起小积木，则表明宝宝达到7个月智能发育标准。

拔弄桌上的小丸。让宝宝坐位，将小丸如鱼肝油胶丸、大米花等放在桌面上，鼓励其取小丸。如果宝宝会将所有手指弯曲拔弄小丸，则表明宝宝达到7个月智能发育标准。

🌸 认知能力

找当面藏起来的玩具。当着宝宝的面将一玩具藏在枕头下面，如果宝宝能找到玩具，表明宝宝达到7个月智能发育标准。

会认新物品。大人说出宝宝的一个物品名称，观察其是用眼注视还是用手指，如果宝宝会注视或手指听到的物品，则表明宝宝达到7个月智能发育标准。

🌸 言语交流

发出"爸爸""妈妈"的声音。宝宝愉快时观察他是否发出过这些音，如果宝宝能发这些音，则表明宝宝达到7个月智能发育标准。

第九章

7～8个月：宝宝在爬行中"探险"

8个月的宝宝双手已经能够随心所欲地进行活动了，他喜欢和大人玩，并模仿他们的动作。只要宝宝醒着，他的手脚总是喜欢四处"探险"，同时爬也会成为宝宝活动的一种主要方式，在这个时候，父母最应注意的一件事就是，消除宝宝"探险"中的一切安全隐患，给宝宝一个宁静、安全、温馨的活动环境。

本月身体发育特点

8个月的宝宝能自如翻滚而且开始学习爬行了，行动的自由使他的活动天地变大了，从被动地坐着，发展到主动地扩展活动领地，这对宝宝的身心发展无疑是一个很大的飞跃。宝宝好奇心和模仿欲都很强，他常常会目不转睛地盯着身边的人和他们手中的物品，一心一意地进行模仿。

身高

本月男宝宝的平均身高约为71厘米，女宝宝的平均身高约为69.8厘米。身高有望增长1.0～1.5厘米。妈妈同样可根据婴儿身高增长百分位曲线图，连续、动态地监测宝宝的身高增长情况。

体重

本月男宝宝的平均体重约为8.8千克，女宝宝的平均体重约为8.2千克。宝宝体重有望增加0.22～0.37千克。月体重增长速度逐渐缓慢，但宝宝体重绝对值还在上升。根据婴儿体重增长曲线图，连续检测要比偶尔一次测量更有意义。因为宝宝体重不是每月均匀增长的，而是呈现跳跃性，存在补长的现象，因此，连续检测才能跟踪宝宝体重增长的内在规律。

头围

本月男宝宝的平均头围约为45.1厘米，女宝宝的平均头围约为43.8厘米。宝宝头围的增长进一步放缓，平均数值在0.6～0.7厘米之间。头围的增长和身高、体重的增长一样，月龄越小，增长越快；月龄越大，增长越慢。按出生头围平均数34厘米来算，到了满7月，宝宝的头围可达43.1厘米，满8个月可达43.8厘米。

❀ 囟门

这个月宝宝的囟门发育没有大的变化，和上个月差不多。

❀ 有了直观思维能力

这个月龄的宝宝对看到的东西有了直观的思维能力，如看到奶瓶就会与吃奶联系起来，看到妈妈端着饭碗过来，就知道妈妈要喂他吃饭了。这是教宝宝认识物品名称并与物品的功能联系起来的好机会，这对宝宝的智力开发有很大的促进作用。宝宝开始有兴趣有选择性地看东西，并会记住某种他感兴趣的东西，如果看不到了，可能会用眼睛到处寻找。认识谁是生人，谁是熟人，生人不容易把宝宝抱走。

❀ 可重复连续音

这一阶段的宝宝，明显变得活跃了，发音明显地增多。当他吃饱睡足情绪好时，常常会主动发音，发出的声音不再是简单的韵母"a""e"了，而出现了声母"pa""ba"等。还有一个特点是能够将声母和韵母音连续发出，出现了连续音节，如"a-ba-ba""da-da-da"等，所以也称这个年龄阶段宝宝的语言发育处在重复连续音节阶段。除了发音之外，宝宝在理解成人的语言上也有了明显的进步。

❀ 能够辨别说话的语气

8个月的宝宝对某些特定的音节会产生反应。如对自己的名字有反应，对"爸爸妈妈"有比较强烈的反应。宝宝已经拥有这样的能力，听到爸爸妈妈的说话声，即使看不到他们，也知道这是妈妈或爸爸在说话。宝宝能够辨别说话的语气，喜欢亲切和蔼的语气，听到训斥的语气会表现出害怕、哭啼。所以，父母可以利用宝宝的这种辨别能力，教宝宝认识什么是应该做的，什么是不应该做的。

科学的营养饮食

在这个月，渐渐长大的宝宝可能已经习惯吃辅食了，爸爸妈妈在喂养宝宝的时候，要记得适当添加固体类辅食。

宝宝的营养来源

这个月宝宝每日所需热量与以前差不多，也是每千克体重95～100千卡。蛋白质摄入量仍是每天每千克体重1.5～3克。脂肪摄入量比以前有所减少，半岁前脂肪占总热量的50%左右，本月开始降到了40%左右。铁的需要量明显增加，半岁前每日需铁0.3毫克，但从本月起，每日需要1毫克的铁，增加了3倍以上。鱼肝油的需要量没有什么变化，维生素D仍是每日400国际单位，维生素A仍是每日1300国际单位。其他维生素和矿物质的需要量也没有多大变化。

添加辅食特点

本月宝宝除了继续添加上个月添加的辅食外，还可以添加肉末、豆腐、一整个鸡蛋、一整个苹果、猪肝泥、鱼肉丸子、各种菜泥或碎菜。爸爸妈妈应注意未曾添加过的新辅食，不能一次添加两种或两种以上；一天之内，也不能添加两种或两种以上的肉类食品、蛋类食品、豆制品或水果。从这个月开始，可以把粮食和肉蛋、蔬菜分开吃了，这样能使宝宝品尝出不同食品的味道，增添吃饭的乐趣，增加食欲，也为以后转入以饭菜为主的饮食打下基础。

专家指导

不要一哭就给东西吃

有的父母一看到宝宝哭就会给他东西吃，让他一边哭一边吃，或者一边玩一边吃，这种做法会引发宝宝消化不良，是不可取的。

宝宝的饮食搭配

在宝宝8个月的时候，可试着让宝宝养成每天吃3顿奶、2餐饭的饮食规律了。一向吃母乳的宝宝，应逐渐让他习惯吃各种辅食，以达到增加营养、强健身体的目的。一旦让宝宝减少吃母乳的次数，就应该加些辅食了。主食应以粥和烂面条为宜，也可以吃些撕碎的软馒头块。辅食除鸡蛋外，还可选择鱼肉、肝泥、各种蔬菜和豆腐。喝牛奶的宝宝，每餐的量不应少于250毫升。应注意，宝宝的饭菜最好现做现吃，不要吃隔夜的饭菜，以免变质影响宝宝的健康。

适当增加固体食物

在这个月，应该适当给宝宝增加固体食物了。如面包片、馒头片、饼干、磨牙棒等都可以给宝宝吃。许多宝宝到了这个月就不太爱吃烂熟的粥或面条了，因此，妈妈在做的时候就要适当控制好火候。如果宝宝爱吃米饭，就把米饭蒸得熟烂些喂他好了。爸爸妈妈总是担心宝宝牙还没有长好，不能咀嚼这些固体食物，其实宝宝会用牙床咀嚼的，能很好地咽下去，并不会影响到正常的消化和吸收。

餐位和餐具要固定

8个月的宝宝自己可以坐着了，因此，在给宝宝吃饭的时候，妈妈可以给宝宝准备一个婴儿专用餐椅，让宝宝坐在上面吃饭，如果没有条件，就在宝宝的后背和左右两边，用被子之类的物品围住，目的是不让宝宝随便挪动地方，而且最好把这个位置固定下来，给宝宝使用的餐具也要固定下来，这样，会使宝宝一坐到这个地方就知道要开始吃饭了，有利于让宝宝形成良好的进食习惯。

精心的日常呵护

虽然这个月宝宝比以前长大了许多，爸爸妈妈在护理时可以省心一些了，但是，一些生活上的小细节还需要特别注意。

创造一个活动自如的空间

宝宝已经会坐会爬，除了在卧室里活动之外，最好还要有一个活动室，创造一个较大的空间来让宝宝自如地活动，使宝宝爬行不受阻碍。如果居住条件有限，也可充分考虑利用客厅作为宝宝的活动室，但应对客厅进行适当改造。活动室内可以悬挂或张贴几幅颜色鲜艳的图片，让宝宝对活动更有兴趣，并可刺激宝宝视神经的发育。同时活动室还要保持阳光充足和空气新鲜。

警惕家电对宝宝的伤害

现在的家庭，小型家用电器越来越多，由于这个月的宝宝好奇心强，看到什么都想动一动。为了防止爱动的宝宝发生意外触电，妈妈和爸爸一定要提高警惕，消除宝宝触电的一切隐患。例如，家中的所有小型电器，在不使用时或使用完之后都必须拔除电源。平时要把所有的小型家用电器，如吹风机、电熨斗、烫发器、电动剃须刀、小型电热毯等都存放在安全的地方。

宝宝已经有了初步的观察力和模仿力，如果宝宝学着妈妈或爸爸的样子，拿到什么电器都将插头往插座上插，有发生触电的危险。因此，爸爸妈妈一定要注意，如果在宝宝能够得着的地方设有插座，最好及早换个地方，以免事故的发生。

🌸 整洁清新的生活环境

虽然宝宝比以前长大了许多，爸爸妈妈在护理时可以省心些了，但一些生活上的细节还需要特别注意，给宝宝创造一个清洁卫生的居住环境和良好的活动空间是非常重要的。对这个月的宝宝来说，生活环境的要求主要是清洁与卫生。爸爸妈妈要注意宝宝居室内空气的新鲜。防止煤气炉、天然气灶等对室内空气的污染，做饭时产生的油烟，也会构成对宝宝眼睛和呼吸道的损害。为了减少室内污染，宝宝的居室最好离厨房远一点。此外，还要随时保持室内下水道的通畅，

要及时清理堆积的污水、污物。夏天还要防止蚊子、苍蝇等造成室内环境的污染。

🌸 警惕闪光灯对宝宝眼睛的伤害

父母看着自己的宝宝一天比一天可爱，心里别提有多高兴了，为了记录下宝宝成长的每个瞬间，很多爸爸妈妈都很喜欢给自己的宝宝拍照，有的甚至从宝宝出生的那一天起就开始给他们拍照。可是，爸爸妈妈在给宝宝拍照的时候千万不要忘记把闪光灯关掉。这是因为宝宝的器官组织发育不完全，还处于不稳定状态，眼睛视网膜上的视觉细胞功能还处于不稳定状态，此时，强烈的电子闪光会对视觉细胞产生冲击或损伤，从而影响宝宝的视觉功能。这种损伤同电子闪光照相机拍照时的距离有关，照相机离眼睛的距离越近，损伤就越大。因此，对8个月内的宝宝，要避免使用电子闪光灯拍照，可改用自然光来拍照。

🌸 培养宝宝爬行的兴趣

教宝宝学习爬行的时候，父母配合，效果会比较好。母亲拉着宝宝的双手，父亲推宝宝的双脚，拉左手的时候推右脚，拉右手的时候推左脚，让宝宝的四肢被动协调起来。经过这样几次练习后，宝宝就能够向前爬了。另外，父母要培养宝宝的兴趣。教宝宝爬行时要选择宝宝情绪好的时候，可以用宝宝非常喜欢的玩具逗引他向前爬，这样不易使宝宝感到厌倦。

🌸 做好宝宝爬行的保护工作

宝宝会爬了，他的"探索欲"就会变得很强，说不定你一眨眼的工夫，他就爬出你的视线之外了。由于宝宝不可能随时都在大人的注意范围之内，所以爸爸妈妈必须要做好安全防范工作。房间里易碎、易绊倒宝宝的物品要注意收起来，如杯子、花盆、玻璃器皿等；剪刀、水果刀、针线等物品要收拾妥当；塑料薄膜、塑料袋、气球等物品要收好，以免造成宝宝窒息；药品及其他不适合宝宝吃的食品也都要收起来；将所有尖锐的桌角、柜角套上保护垫，以免宝宝不慎撞到；另外，要注意电源线，并在未使用的插座上加套防护盖或使用安全插座。

🌸 爬行训练要坚持

宝宝的爬行训练要每天坚持，但不一定要花很长的时间，即使每天花10分钟，也能让宝宝得到持续的学习和锻炼。如果宝宝在爬行的过程中停了下来，实在不愿意再动，也请不要勉强他，可以让他做点自己喜欢做的事，然后再接着进行训练。

疾病的预防与护理

由于宝宝从母体里带来的免疫力到了第8个月时基本都消耗掉了，这样就很难抵御外界细菌或病毒的侵扰。所以，爸爸妈妈要对宝宝疾病的预防与治疗加强关注度。

接种麻疹疫苗

目前国家规定，8个月的宝宝都应接种麻疹疫苗。这是因为在宝宝8个月时，由母亲传递给宝宝的麻疹抗体逐渐消失，而使宝宝对麻疹的抵抗力下降。这时必须采取人工的方法，即注射麻疹疫苗，在宝宝体内经过一次轻微的麻疹病毒感染，从而在体内产生相应抗体，对麻疹有了抵抗力，这种抵抗力一般可持续3~4年。

接种麻疹疫苗后，宝宝的反应很轻，仅少数的宝宝在接种后6~10天可能有发热，但体温不会超过38.5℃，持续2天即消退。宝宝的精神、食欲均不受影响。

避免他人随意亲吻宝宝

节日里走亲访友，好客、热情的客人可能会亲吻宝宝、抱宝宝，这样会增加感染病菌、损伤脊椎的机会。由于宝宝年幼，免疫力和抗病力都很低，很可能会传染上亲吻者正在患的感冒等疾病。

而且在亲吻宝宝时，成人很可能把自己口腔里携带的病菌、病毒，尤其是经呼吸道传播的病毒、病菌传染给宝宝，使宝宝染上结核、脑膜炎、感冒等传染病。

此外，经常亲吻宝宝的嘴，还会使宝宝口水增多，影响消化功能。因此，父母在走亲访友时要注意，应尽量减少他人亲吻宝宝。

玫瑰疹的预防与治疗

在这个月，爸爸妈妈要掌握判定玫瑰疹的症状、病因、治疗及预防的方法和处理措施。以便做到早发现、早治疗。

玫瑰疹症状

2岁以内宝宝突然高热无皮疹，而热退时皮疹出现，可以诊断为玫瑰疹。玫瑰疹多发生于2岁以下的幼儿，冬季多见。潜伏期为10～15天。无前期症状而突发高热，体温高达39～40℃。经3～5天后体温骤降，同时皮肤出现淡红色粟粒大小斑丘疹、散落分布，少数皮疹融合成斑片。经过24小时皮疹出齐，再经过1～2天皮疹消退，不留痕迹。通常多见于颈项、躯干上部，面及四肢。除高热、食欲欠佳外，少数患儿发热期可能有倦怠、恶心、颈淋巴结肿大及惊厥等症状。

玫瑰疹病因

幼儿玫瑰疹绝大多数为人类疱疹病毒感染所致，也有人认为由柯萨奇病毒B5引起，但缺少确切证据。发病初1～2天白细胞增多，但后期白细胞减少，尤其中性多核粒细胞很低，而淋巴细

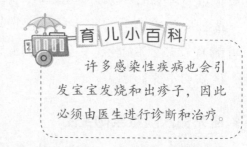

育儿小百科

许多感染性疾病也会引发宝宝发烧和出疹子，因此必须由医生进行诊断和治疗。

胞增加，可高达70%～90%，热退后，在几天内白细胞数恢复正常。

玫瑰疹的防治方法

这些皮疹多数由病毒引起的，可通过唾液飞沫传播，以冬春季节发病较多。玫瑰疹不需要特殊治疗，只要帮宝宝补充水分及退热即可，一般红疹出现后发热现象即会慢慢消退，宝宝大量流汗时，父母应给宝宝勤换内衣及尿片，并及时补充水分。如果宝宝出现抽筋或前囟门膨出，应及时就医治疗。

🌸 不可忽视宝宝的痤疮

痤疮，又称"青春痘""粉刺"，宝宝面部皮肤极娇嫩，如果护理不周，皮疹感染化脓、破溃，愈后会形成一个个疤痕疙瘩，或成为凹陷的小坑，影响宝宝的容貌，甚至造成终身遗憾，医学上称为婴儿痤疮。因此，宝宝脸上长有粉刺时，妈妈不可掉以轻心。

💜 宝宝长痤疮的原因

宝宝出生后七八个月，就容易长痤疮了。如果宝宝在未出生前从母体内获得雄性激素过多，出生后就会促使皮脂腺分泌旺盛，而宝宝的面部又是皮脂腺发达的部位，分泌过多的皮脂会淤积在毛囊内，致使皮肤隆起一个个小丘疹，一般在面颊及额部长有十几或几十颗。因皮脂排出受阻，它与毛囊壁脱落的细胞及微生物混合在一起，堆积在毛囊口而成为黄白小点，遇空气氧化后可变黑，成为黑头粉刺。毛囊内的痤疮丙酸杆菌乘机大量繁殖，会引起炎症。

💜 防止挤捏，适当治疗

当父母发现宝宝面部长有痤疮时，千万不可用手去挤捏。可外用硫黄制剂，以促使皮脂分泌畅通。出现炎性脓疮时，搽点氯洁霉素痤疮水液，可减少脂酸形成，减少炎症。如果感染严重，应在皮肤科医生指导下，合理应用抗生素类药物治疗。

💜 注意宝宝皮肤卫生及饮食

每天要给宝宝用温水洗脸，并需擦点婴儿香皂，轻轻搓洗后冲净，再用洁净柔软的干毛巾吸干宝宝脸上的水。然后挤点乳汁涂在宝宝脸上以滋润皮肤。多让宝宝喝白开水，不给宝宝喂糖水或其他饮料，注意宝宝大便通畅，防止便秘。

 智能开发与训练

随着宝宝的逐渐长大，对宝宝进行能力培养与训练的难度也逐步增加了，但是现在正是开发宝宝能力的好时机，爸爸妈妈要努力了。

❀ 蹦跳锻炼腿部力量

这个月的宝宝能够扶着栏杆站起来了，为了锻炼宝宝的腿部力量，可以训练宝宝先扶着栏杆或者家具站立，每天可以训练数次，但每次训练的时间不要过长，控制在5～10分钟为宜。

同时，为了锻炼宝宝腿和膝盖的力量，妈妈可以把双手放在宝宝腋下，帮助宝宝站直且有节奏地蹦跳，常做这种运动可以尽快使宝宝站立起来。

❀ 提脚移步训练

当宝宝的腿部有了力量之后，就可以对宝宝进行提脚移步训练了。所谓提脚移步训练，就是训练宝宝从双脚无意识地乱蹦，发展成将脚有目的地提起，并向前、向后或向左、向右移步，为宝宝将来学习走路做好准备。

· 让宝宝学会被动移步。训练时，妈妈或爸爸站在床前，两手扶在宝宝的腋下，先让宝宝站稳，然后再教宝宝把一只脚提起并向前移步，另一脚随后跟上。学会向前移步后再学习向左边或右边移步。

· 让宝宝学会主动迈步。当宝宝的被动移步训练顺利过关并且已经学会一步一步地向前移动脚步后，还要对宝宝进行一段时间的巩固训练。当到宝宝的双腿基本可以支撑身体重量之后，妈妈或爸爸就可面对宝宝站立，两手握住宝宝的前臂或手腕，帮助宝宝左右脚轮流向前迈步了。

带宝宝到户外开阔眼界

爸爸妈妈要利用一切条件扩大宝宝的视野，开阔宝宝的眼界，使宝宝的视觉和听觉更加发达，进一步增进宝宝认知事物的能力。户外活动时间可控制在每日2~3小时，在上午10点左右，下午的4点左右出去比较好。也可以在阳台上让宝宝观察周围事物，只要天气晴朗就应多带宝宝出去玩，街上的行人、车辆，公园里的花草、树木，都会使宝宝感到好奇。还应尽量多让宝宝到大自然中去，让自然界的各种动植物、自然景观给宝宝以良好的感官刺激。

锻炼宝宝语言能力

宝宝虽然还不会说话，但已经开始理解语言，要帮助宝宝逐渐建立起语言与动作的联系。教宝宝每种能力时，都要使用正确的语言。如客人走了，要教宝宝说再见，并教宝宝做出再见的动作。如果外公外婆给宝宝送东西来了，要教宝宝说谢谢，并教宝宝做出谢谢的动作。这不但提升了宝宝的语言能力，还使宝宝学习到与人的交往能力。

建立与人交往的信心

教宝宝认识人。带宝宝出去玩的时候，可以使宝宝认识更多的人，可以让宝宝试着理解人与称谓的关系。每当有人进来时，都要让宝宝猜一猜这是谁，宝宝肯定不会猜，也不会用语言表达，这不要紧。比如，当外公外婆到来时，妈妈要对宝宝说："宝宝，你看谁来了？""是宝宝的外公外婆。"以后随着年龄的增长，宝宝就会知道他的外公外婆就是他妈妈的父母。这样可以逐渐建立起宝宝与人交往的信心。

心理承受能力的训练

宝宝现在已经能够感受到爸爸妈妈的语气，也会看父母的表情了，开始有了独立活动的意愿。在这个时候，父母要巧妙地让宝宝知道什么是不应该做的，什么是不能吃的，也要有不能满足他要求的时候。这是开始训练宝宝心理承受能

育儿小百科

让宝宝逐渐理解，父母在告诉他这个事情是不能做的，是错误的含义。

力，使他学会分辨是非的开端。当父母告诉宝宝这样不行，这个不能放到嘴里时，要同时用动作表现出来，如摇摇头、摆摆手、表现出很严肃的表情。以此来训练宝宝的心里承受能力。

造隧道游戏

培养宝宝的空间感。要帮助宝宝满足爬行的愿望，可以帮助宝宝造一条有趣的隧道。除了能鼓励宝宝爬行以外，还可以给宝宝机会了解"里面"与"外面"的不同。找个比宝宝还大的坚固箱子，除去折片，或将两端的折片都往里折。将宝宝放在靠近"隧道"一端的地板上，然后你坐在另一端，鼓励宝宝穿过隧道到你那边去。如果宝宝不懂得怎么做的话，就亲自爬进箱子引导宝宝爬到另一端。等宝宝熟练了穿隧道的技巧后，趁宝宝还在里面时从另一端进入，告诉宝宝你在"里面"。等你爬出来后，告诉宝宝你在隧道"外面"了。

拉锯游戏

这个游戏锻炼宝宝的颈背肌和腹肌。游戏时，妈妈和宝宝要相对而坐，妈妈双手握住宝宝手腕，让其前俯后仰玩拉大锯的游戏，边拉妈妈边念："拉大锯，扯大锯，姥姥家里唱大戏，接你来，你就去，你陪姥姥看大戏。"这个儿歌游戏每天可玩1~2次，每次3~5分钟即可。

拉绳取物游戏

培养宝宝的判断能力。用五条彩色的绳子分别系在5个彩环上，大人把环放在远端，把绳子放在靠近宝宝的近端，先看宝宝用什么办法取到彩环。如果宝宝曾经见过大人拉绳子能取到彩环，他就会模仿着大人的样子拉绳子取到另外的彩环，如果宝宝从未见过绳子有什么作用，他就会用身体爬过去直接取彩环。另一些宝宝在看到用小绳牵着的球和小动物时，会先牵一下小绳，看到被拉的东西动一下，就知道可以拉绳取到玩具而不必自己爬过去拿了。

分玩具游戏

学会与人分享。在桌上放三个宝宝认识的玩具，爸爸妈妈各坐在桌子的一边。爸爸妈妈轮流发出命令让宝宝把桌子上的玩具交给大人。大人手边也放上两三个玩具，因为有时宝宝舍不得把手里的东西给别人，大人拿出一个同他交换，他就会愿意把玩具给别人。如果能拿到正确的玩具正确地交给要交的人，就会使宝宝觉得自己学会做事了，同时也更加愿意把玩具交给别人，不再自己"独霸"。

认照片游戏

培养认知能力。先让宝宝认识爸爸妈妈和自己的三人照，会指认后，再认有爷爷和奶奶的照片。在相册中，学认爸爸妈妈单人的生活照片，也看到自己小时候的照片认识自己。单人或双人的照片看熟之后，再让宝宝在全家福的照片中找出认识的人。父母让宝宝在照片上先依次找自己、爸爸、妈妈、爷

爷、奶奶、姥姥和姥爷，再找曾经来过家里并同宝宝玩过的亲属。

本月宝宝智能发育测试

爸爸妈妈对照下面的测试标准，检验一下你的宝宝是否通过测试了呢?

大动作

会自己坐起、躺下。让宝宝仰卧，鼓励其坐起再躺下，如果宝宝能自己从仰卧位变俯卧位，再变成坐位，并会自己躺下，则表明宝宝达到8个月智能发育标准。

用一条腿支撑体重想走。让宝宝靠栏边站立，爸爸妈妈在前面用玩具逗引，如果宝宝抬起一只脚，用一条腿支持体重想走，则表明宝宝达到8个月智能发育标准。

精细动作

用两块积木在手中对击。让宝宝一手拿一块积木，大人示范将积木对击，能把两手合到中间，用一只手中的方积木，明确击打另一只手中的方积木2次以上，则表明宝宝达到8个月智能发育标准。

认知能力

会认新物品。说出宝宝周围熟悉的物品或五官，鼓励其用手指出物品或身体部位，当宝宝在听名称后能指出相应的物品或身体部位，表明宝宝达到8个月智能发育标准。

言语交流

懂得语意并能模仿动作或声音。和宝宝做游戏时，鼓励他模仿大人的动作或声音，如碰碰头、点头说"谢谢"或发出咳嗽，弄舌等声音。如果宝宝会模仿这些动作或声音，则表明宝宝达到8个月智能发育标准。

第十章

8～9个月：在模仿中找乐趣

9个月的宝宝已经基本能坐、爬，而且开始站立了。由于现在的宝宝越来越喜欢模仿大人的行为和动作。所以，爸爸妈妈在平时要多注意自己的行为，在各个方面都要为宝宝树立一个好的榜样。

本月身体发育特点

9个月的宝宝不论是在身体发育还是在能力发展方面，都有了不小的变化，学到了不少的本领，常常给爸爸妈妈带来惊喜。

身高

9个月男宝宝的平均身高约为72.7厘米，女宝宝的平均身高约为70.4厘米。

体重

9个月男宝宝的平均体重约为9.2千克，女宝宝的平均体重约为8.6千克。

头围

9个月男宝宝的平均头围约为45.5厘米，女宝宝的平均头围约为44.1厘米。

牙 齿

宝宝乳牙开始萌出，大部分在 6～8 个月时，最早的可在4个月，晚的可在10个月。宝宝乳牙萌出的数目可用公式来计算：月龄减去4～6，例如 9 个月宝宝的乳牙萌出数，用公式计算是9-（4～6）=5～3。就可以得出宝宝在9个月时应该出牙3～5颗。

运动神经逐步发育

进入9个月的宝宝，活动的能力和空间大了，能按照自己的意愿做一些动作了。有的宝宝睡醒后，如果妈妈不在身边，自己就能翻身坐起来，而且还可以稳坐10分钟以上。有时还手脚并用地往前爬行几步。如果宝宝高兴，能较灵巧地自己拉着东西站起来，甚至能扶着栏杆，在小床上或围栏里走3步以上。

🌸 能够记住颜色

宝宝能记忆看到的东西了，并能充分反映出来。在这个阶段，宝宝不但能认识父母的长相，还能认识父母的身体和父母穿的衣服。还会有选择性地看他喜欢看的东西，如在路上奔跑的汽车，玩耍中的儿童和小动物，宝宝能看到比较小的物体了。宝宝非常喜欢看会动的物体或运动着的物体，比如时钟的秒针、钟摆、滚动的扶梯、旋转的小摆设、飞翔的蝴蝶、移动的昆虫等，也喜欢看迅速变幻的电视广告画面。宝宝开始能认识颜色了，妈妈会不断地教给宝宝，这是红气球，这是黄气球，这是绿气球。尽管宝宝对颜色的变化还不理解，也不能分辨，但能够记住颜色了。

🌸 能够理解更多的语言

现在宝宝能够理解更多的语言，你的交流具有新的意义。在宝宝不能说出很多词汇或者任何单词以前，宝宝可以理解的单词可能比你想象的要多。尽可能与宝宝说话，可增加宝宝的理解能力，告诉宝宝周围所发生的事情，要让你的语言简单而特别。无论你给他翻阅还是与他交谈，都要给宝宝充足的参与时间。提问并等待宝宝的反应，或者让宝宝自己引导。此时，宝宝也许已经能够用简单的语言回答问题了，还会做 3～4 种表示语言的动作，对不同的声音会有不同的反应，当听到声音时能暂时停止手中的活动，还知道自己的名字了，当听到妈妈说自己的名字时就会停止活动，并能连续模仿发声。

❤ 听觉越来越灵敏

9个月宝宝的听觉越来越灵敏，能确定声音发出的方向，能区别语言的意义，能辨别各种声音，对严厉或和蔼的声调会做出不同的反应。

❤ 手眼更加灵活协调

当宝宝进入9个月后，手眼就更加灵活协调了，有时会专门把刚刚拣到的小积木故意扔掉，然后再拣起来，甚至能把小积木扔得更远一些，然后俯卧下身体，往前爬几步后又拣回来，几次三番，好像乐此不疲，那种自得其乐的样子，实在讨人喜欢。如果妈妈不小心把小勺掉到地上，宝宝会像寻找什么似的往下看。宝宝的手眼协调能力的发展，也充分证明宝宝的智力水平正在不断地提高。宝宝正是在不断地摆弄物体的过程中，进一步地认识到事物之间的各种联系，并且在脑海中不断地加深这种印记，从而使手、眼、脑更加有机、协调地配合起来。

育儿小百科

从这个月开始，宝宝将从圆滚的体型慢慢转换到幼儿的体型。由于运动神经的发育在逐步完善，宝宝比以前会显得更加活跃了。

❤ 理解别人的感情

9个月的宝宝，无论是语言能力、视觉、听觉能力，还是运动能力和智力都有长足的进步。如果对宝宝十分友善地谈话，宝宝会表现的很高兴；如果父母训斥宝宝，宝宝会哭。从这点来说，此时的宝宝已经开始能理解别人的感情了。而且，此时的宝宝会非常喜欢让大人抱，当父母站在宝宝面前，伸开双手招呼宝宝时，宝宝会露出喜悦的微笑，并伸手表示要父母抱。

科学的饮食营养

第9个月是宝宝生命历程中一个比较重要的阶段，乳汁将从宝宝的主食变为辅食。而原来的各种辅食，成了宝宝的主食。

补充营养莫过量

有的父母认为鱼肝油和钙是营养品，宝宝吃得越多越好，这种想法是错误的。补充过量的鱼肝油和钙可导致中毒现象。维生素A过量，可出现类似"缺钙"的表现，如烦躁不安、多汗、周身疼痛，尤其是肢体疼痛、食欲减低。维生素D过量，可导致软组织钙化，如肝、肾、脑组织钙化。

注意宝宝长牙后的饮食

宝宝长到9个月以后，乳牙已经萌出3～5颗，消化能力也比以前增强，此时的喂养应该注意以下几点。

·母乳充足时，除了早晨和睡觉前喂点母乳外，白天应该逐渐停止喂母乳。

·用牛奶喂养宝宝的，此时牛奶仍应保证每天500毫升左右。代乳食品可安排3次，因为此时的宝宝已经逐渐进入离乳后期。

·适当增加辅食，可以是软饭、肉，也可在稀饭或面条中加肉末、鱼、蛋、碎菜、土豆、胡萝卜等，量应比上个月有所增加。

·增加点心，比如在早午饭中间增加饼干、烤馒头片等固体食物。

·补充水果。此时的宝宝，自己已经能将整个水果拿在手里吃了。但妈妈要注意在宝宝吃水果前，一定要将宝宝的手洗干净，将水果洗干净，削完皮后让宝宝拿在手里吃。

添加辅食的要点

在辅食的添加过程中，爸爸妈妈应注意以下几点。

·有的妈妈为了省事，就把辅食和粥放在一起喂，这样不好，应该分开喂，让宝宝能够品尝到不同饮食的味道，享受进食的乐趣。

·在辅食添加中，父母不能机械地照搬书本上的东西，而要根据宝宝的饮食爱好，进食习惯，睡眠习惯等灵活掌握。

·有的宝宝1天只能吃1次辅食，不肯吃第2次辅食，但能喝较多的牛奶和母乳。这时，妈妈不能强迫宝宝一定要吃2次辅食。

·有的宝宝吃1次辅食需要1个多小时，妈妈为了腾出时间带宝宝到户外活动，1天喂1次辅食，不足部分用鲜奶补足，这也未尝不可。

和大人一起吃饭的注意事项

有的宝宝喜欢和大人一起吃饭，也喜欢吃大人的饭菜。但妈妈要注意以下几点。

·在烹饪时，要合宝宝的胃口，饭菜要烂，少放食盐，不放味精、胡椒面等刺激性调料。

·吃鱼时注意鱼刺。

·抱宝宝到饭桌上，一定要注意安全，热的饭菜不能放在宝宝身边，比如热汤会烫伤宝宝。宝宝皮肤娇嫩，即使大人感觉不很烫，也可能会把宝宝烫伤。

·不要让宝宝拿着筷子或饭勺玩耍，这可能会戳伤宝宝的眼睛或喉咙。

·有的宝宝就喜欢吃辅食，无论如何也不爱吃奶，这时，妈妈就要多给宝宝吃些鱼、蛋、肉，以补充蛋白质。

精心的日常呵护

随着宝宝活动范围的扩大，父母在日常护理中不可掉以轻心。

宝宝打呼噜的应对措施

许多家长以为，宝宝睡觉打呼噜，是睡得香的表现。其实，打呼噜很可能是某种疾病发出的信号。因此，家长要注意，对于宝宝的打呼噜千万不可忽视。

打呼噜的原因

宝宝仰睡时易打呼噜，因面部朝上而使舌头根部因重力关系而向后倒，半阻塞了咽喉处的呼吸通道，因宝宝本身的呼吸通道，如鼻孔、鼻腔、口咽部都比较狭窄，稍有分泌物或黏膜肿胀就易阻塞。当感冒造成喉咙部位肿胀、扁桃腺发炎、分泌物增多时，更易造成气流不顺而鼾声加重。

针对病因采取相应措施

如果宝宝出现睡觉打呼噜，首先应该确定宝宝打呼噜的病因，然后针对病因采取相应的治疗措施。对于腺样体肥大，如不严重，腺样体随着宝宝年龄的增长会自己萎缩，两岁以内会自己康复。若是很严重的情况，必须经耳鼻喉科医生检查后，做出是否需要手术切除的结论。

专家指导

偶尔打呼噜不是病

有的宝宝，偶尔出现睡时打呼噜的情况，可能是由于睡眠时与呼吸有关的肌肉松弛，尤其是舌部放松后造成舌根向后面轻度下垂，使呼吸时排气受到影响，此时，父母不要紧张，帮宝宝改变睡眠的体位后，呼噜声就会消失。

激发宝宝对大自然的向往

大自然是融智育、美育、体育于一体的大课堂，宝宝在这里可以学到很多的东西，这对于宝宝的早期教育来说，是很有好处的。

♥ 太阳公公的微笑

在有阳光的天气下，利用光线射进窗户的时间，将宝宝抱至窗户边，感受间接光线的明暗及温度的变化。但需注意保暖，避免让宝宝眼睛直视光线，或过度曝晒在阳光下。

♥ 小雨滴答滴答

在阴暗有雨的天气中，利用宝宝的视觉及听觉，去感受雨滴打在窗户上的声音，聆听自然的交响乐章，以及观赏雨珠滑过窗面构成的图案，让宝宝的视觉及听觉感官同时受到刺激。

♥ 树叶就是一幅画

妈妈带宝宝外出散步的时候，如果有飘落的树叶，妈妈可以捡起来带回家，给宝宝做一幅树叶画，然后告诉宝宝，树叶是绿色的，这幅画会很美丽。

♥ 花儿花儿真美丽

妈妈可以带着宝宝到公园里欣赏盛开的鲜花，这时最好是将宝宝放在婴儿车里。然后妈妈推着宝宝一起看花。要注意告诉宝宝各种花的颜色，妈妈可以时不时地呼唤宝宝"宝宝，来看，这是月季，你看，红红的，多漂亮"等，从而引起宝宝的兴趣。

♥ 小鸟多么快乐

爸爸妈妈带着宝宝去公园的时候，如果听到有鸟鸣的声音，可以将鸟的叫声录下来，然后在家里经常放给宝宝听，告诉宝宝，这是我们上次在公园看到的小鸟在唱歌，或者给宝宝编一首童谣，经常唱给宝宝听，来刺激宝宝的听觉。

用温水给宝宝洗脚

足弓是从儿童时期开始形成的，因此，要从小注意保护。如果常用热水给宝宝洗脚或烫脚，宝宝足底的韧带就会变得松弛，不利于足弓的形成和维持，容易形成扁平足。所以爸爸妈妈不要经常用过热的水给宝宝洗脚，更不能用热水长时间给宝宝泡脚，应该用温水给宝宝洗脚。

育儿小百科

人的每只脚由26块大小不同、形状各异的骨头组成，彼此间借助韧带和关节相连，共同构成一个向上凸的弓形足弓。足弓主要为了缓冲行走和跑跳时对机体的震荡，保护足底的血管和神经免受压迫。

宝宝不宜看电视

对于这么大的宝宝来说，经常看电视对他们并不适宜。因为看电视的合适距离是2米以上，而这个距离对1岁以内的宝宝还不太合适。要知道，宝宝的视距是随着年龄的增长而逐渐由近到远的，他们在3个月前只能看到放在自己眼前的玩具和物品，以后才逐步发展到可以注视1米左右的物品及更远的物体。加之电视图像总是比实物显得模糊，而且画面经常闪烁跳跃，这样都会增加宝宝的视疲劳感，对他们的视力发育造成不良影响。

及时给宝宝剪指甲

宝宝的手整天东摸西摸闲不住，易沾细菌，特别是指甲缝里，更是细菌、病毒藏身的大本营，而宝宝又总爱吸吮自己的手指，这样病原体就会很容易地被吃到肚子里去，而引起腹泻或寄生虫病。指甲长了还容易抓伤宝宝娇嫩的皮肤，手上的细菌便会乘机而入，引起炎症，所以父母要经常及时给宝宝剪指甲。

疾病的预防与护理

在这个月，爸爸妈妈除了要及时为宝宝接种疫苗，提高免疫力之外，还应掌握一些判断宝宝疾病的方法。

接种流行性腮腺炎疫苗

流行性腮腺炎俗称"痄腮"，是腮腺炎病毒侵犯了口腔中的腮腺而引起的一种急性呼吸道传染病，主要发病于冬、春季。这种病传染性很强，病毒可通过唾液飞沫和直接接触传染。宝宝患病一次后，通常可获得终身免疫，很少再患第二次。接种流行性腮腺炎活疫苗后可对宝宝起到良好的保护作用。当前我国卫生部批准使用的流行性腮腺炎疫苗有3种，冻干流行性腮腺炎活疫苗，麻疹、腮腺炎混合疫苗，以及麻疹、腮腺炎、风疹混合疫苗。冻干流行性腮腺活疫苗在宝宝满8个月时就可接种。在宝宝的上臂外侧三角肌止点进行皮下注射，接种后反应轻微，少数宝宝可能在接种后6~10天有发热现象，不超过2天便会自愈，不需要做任何处理，接种的局部一般无不良反应。

按摩提高宝宝免疫力

宝宝的免疫功能发育尚不健全，免疫力较成人低，易患感染性和传染性疾病。要想提高宝宝的免疫力，除了调整饮食结构以外，妈妈要常为宝宝按摩，也可使宝宝平安度过多事之秋。为宝宝按摩的步骤如下。

· 按摩前妈妈应先向手上涂一些按摩油，且将手搓热。

· 用食指或中指指腹在宝宝鼻梁两侧来回按摩，轻揉片刻后，稍微加些力，直至小鼻梁泛红、发热为止。

· 改按鼻翼两侧，同样用中指或食指指腹反复按压。

🌸 宝宝隐睾早发现

隐睾是男宝宝较常见的生殖器发育异常，如果不及时发现，延误治疗会影响生育，对宝宝的一生将造成不良的影响，因此，父母不可忽视男宝宝隐睾。

胎宝宝到4～6个月时，睾丸就已经下降到腹股沟内环口处，7～9个月时下降到阴囊里。因此，男宝宝出生后，可在阴囊内摸到两个睾丸。然而，在下降过程中，有的宝宝可能一侧或双侧的睾丸并没有完全降落到阴囊里，而是停留在半路上，最常见于在大腿根部的腹股沟管内、腹股沟外环或腹腔内。出现隐睾的宝宝，大多数在1岁以内，这时，对于宝宝来说，还是有可能使睾丸自然下降到阴囊的，而在1岁以后如果还没有归回，则须尽早做手术治疗。

♥ 专家指导

隐睾的判断方法

隐睾的诊断并不难，在这个月父母应检查一下阴囊里是否有睾丸。如果摸不清或摸不到，则要及早就医。

🌸 警惕宝宝肾结石

当宝宝出现血尿、暂时性无尿、尿尿时哭闹或费劲三大症状中的某一个信号时，父母不必太惊慌，应理智的想到可能是泌尿系统结石，要及时带宝宝到医院检查。出现肾结石的宝宝大都会出现小便少、小便困难等异常症状。因为有的宝宝出现了肾结石后，容易导致尿路感染，就会造成尿少而且困难的症状；如果宝宝的肾结石发展严重，还会出现浮肿、解不出小便等症状，有的宝宝甚至会出现血尿的症状。对于婴幼儿的肾结石，单独从X光片很难分辨出来，如果怀疑宝宝得了肾结石，应尽快做双肾B超、尿常规等检查，依据检查结果进行治疗。

智能开发与训练

爸爸妈妈每天要照顾宝宝的饮食起居，还要对宝宝进行潜能的开发，一定会感到很辛苦，可是为了宝宝的将来，爸爸妈妈一定要坚持下去。

用清晰标准的语言和宝宝交流

父母要尽量用清晰标准的发音和宝宝进行语言交流。说话时，让宝宝看到你的口型，把语速放慢些。有些父母认为，电视或收音机的语音发音很标准，便时常给宝宝播放，以达到宝宝学习标准语言的目的，这是错误的想法。宝宝学习语言要有语言环境，要与动作、实物等联系起来。电视广播缺乏交流和互动，即使宝宝会模仿个别词语，但对宝宝语言能力和心理成长没有太多益处。

引导宝宝模仿各种声音

对于这个阶段的宝宝来说，爸爸妈妈需指导他发音和模仿各种声音。通常宝宝对模仿动物的声音，以及汽车、火车的声音都很感兴趣，因而要先教宝宝模仿这些声音，如小猫的"喵喵"声等。有时还可以配上相应的动作和手势，如打鼓、吹喇叭等，用以激发宝宝模仿的兴趣。如果宝宝发错了音，应及时纠正。

> ♥ 专家指导
>
> ### 做好宝宝的第一任老师
>
> 这个月的宝宝智力发展与上个月相比，已经有了很大的进步，宝宝的记忆力也在增强，爸爸妈妈千万不要忘了，要通过各种方式来开发宝宝的智能，做好宝宝的第一任老师。

父母的称赞是最好的鼓励

9个月的宝宝已能听懂妈妈和爸爸常说的赞扬的话，并且喜欢得到表扬。在宝宝为家人表演某个动作或游戏做得好时，如果听到妈妈和爸爸的喝彩称赞，宝宝就会表现出兴奋的样子，并会重复原来的语言和动作，这就是宝宝初次体验成功和欢乐的一种外在表现。所以，当宝宝取得每一个小小的成就时，妈妈和爸爸都要随时给予鼓励，以求不断地激活宝宝的探索兴趣和动机，维持最优的大脑活动状态和智力发展，对于宝宝成长来说，还有利于宝宝形成从事智慧活动的最佳心理状态。

爬行开发宝宝的智力潜能

有一位人类智力潜能开发研究专家说，若只用三个字来说明怎样才能开发孩子的智力潜能，那就是让他爬。从开始用腹部爬行到学会四肢爬行，宝宝进入重要的爬行期了。不少父母很重视训练宝宝站立、走路而忽视爬行，其实，爬行是锻炼宝宝体力和训练走步等运动能力的基础。如果居住的房子不那么宽敞，可设法收起一些家具，腾出空间让宝宝爬。学会了爬行之后，宝宝就可以自由自在地在屋子里四处活动了，他的主动探索、好奇心和自信心会因而得到满足。宝宝能爬着去把自己放置的玩具找回来，说明他的记忆力发展良好，也象征着他开始了解自己和物品之间的关联性了。

激发宝宝的好奇心

玩具被布盖住了，但只要让宝宝看到玩具的一小角，宝宝便会知道玩具就在布的下面。如果整个玩具正如他所料出现在眼前，便会给宝宝带来极大的欢乐。这是宝宝喜欢玩这类游戏的原因。如果父母和宝宝重复玩这种游戏，可使9个月大的宝宝渐渐地了解——即使玩具被完全盖住了，但仍然在布的下面——事物是客观存在的。类似的训练还包括和宝宝玩"捉迷藏"游戏，这个游戏也可以很好地激发宝宝的好奇心和探索精神。

给宝宝自由玩耍的空间

这个时期，对宝宝来说，最大的忌讳就是妈妈的过多干预和强迫。干预和强迫，会降低宝宝游戏的意愿。当宝宝以自己的方式玩游戏的时候，可能会显得"手脚笨笨""脑子转不过来"，妈妈便很想插上一手。千万不要，这样反而会使宝宝玩兴大减，甚至恼怒。最好的办法就是让宝宝自己在玩耍中发现游戏的方式。万一宝宝对新玩具和新游戏不感兴趣时，妈妈可示范着玩给他看，以激发宝宝的兴趣。但是，一定要避免强迫宝宝去玩他不喜欢或不会玩的玩具。

弯腰拾物训练

进行站立训练之后，可以进一步进行弯腰拾物训练。训练时，可让宝宝扶着小床的栏杆，然后把一个玩具放到宝宝脚旁，引导宝宝弯下腰去拾起脚旁的玩具。当宝宝拾到玩具后，妈妈爸爸就应立刻加以称赞，并亲吻一下宝宝，激发宝宝再次进入训练。弯腰训练主要是锻炼宝宝弯曲及直立身体的能力，并促进宝宝的手眼协调能力。

❀ 弹跳站立训练

妈妈或爸爸坐下来之后，先从宝宝腋下将其抱起，让宝宝在妈妈或爸爸腿上弹跳，以促进宝宝腿部的伸展。之后，可让宝宝站在桌子或茶几前，再把宝宝喜爱的玩具放在上面，让宝宝站着玩玩具，借此训练宝宝腿部的耐力及稳定性。但要注意的是，桌子或茶几的高度最好要和宝宝的高度相适宜。

育儿小百科

肢体的动作可以刺激到大脑，使宝宝变得聪明。比如手部的动作是由左脑顶叶掌管的，因而多做手部的运动利于大脑的智能开发；运动是宝宝学习的工具和途径，比如宝宝通过用手去摸来感觉事物，通过移动身体来拿玩具等。

❀ 训练宝宝观察力的游戏

妈妈竖起左手食指，右手把塑料的小环套在自己的食指上。然后让宝宝把左手食指竖起，妈妈把小环套在宝宝的食指上，一面套，一面给宝宝一个小环让他也套在食指上，亲亲他并称赞他"真棒"。借着这个游戏，宝宝会慢慢学会把小环套在自己的食指上，也学会把小环套在妈妈的食指上，从而很好地锻炼了宝宝的观察能力。

❀ 培养宝宝探索能力的游戏

在同宝宝玩一块积木时，突然用塑料的小碗扣住那块积木，看看宝宝是否能揭开小碗找到积木。如果宝宝经过努力后自己找到了积木，就要把他抱起来亲亲并说"宝宝真棒"，让宝宝高兴。如果宝宝找不着，大人就摇摇小碗，让积木发出声音并说"在里面"，引导宝宝揭开小碗寻找。让宝宝玩一会儿后，妈妈又用小碗扣住积木，先看看宝宝是否能自己找，如果不会就拿着小碗摇出声音说"在里面"，看看宝宝是否能揭开小碗找到积木，通过这个游戏，可以很好地训练宝宝的探索能力。

本月宝宝智能发育测试

宝宝又长大了一个月，在这个月里，宝宝增长了哪些本事呢？

🌸 大动作

·扶双手走步。将宝宝立于地面，扶住双手鼓励其迈步，如果宝宝此时能迈3步以上，表明已达到9个月智能发育标准。

·双手扶栏站起。宝宝坐在床上，将一玩具放在床栏上，鼓励他扶栏站起来，如果宝宝能自己扶栏站起直立半分钟，表明宝宝达到9个月智能发育标准。

🌸 精细动作

开抽屉取玩具。当着宝宝的面将玩具放在抽屉里（抽屉里仅放一个玩具以便于开关）妈妈先示范取出再鼓励宝宝取出。如果宝宝能打开抽屉取到玩具，表明宝宝达到9个月智能发育标准。

🌸 认知能力

分认新物品（用手指）。让宝宝听名称后指出相应物品或自己身体的部位，如果宝宝能听名称指出物品或自己身体的那位，表明宝宝达到9个月智能发育标准。

🌸 言语交流

·招手"再见"。大人说"再见"时招手，让宝宝模仿动作，如果宝宝会招手表示"再见"，表明宝宝达到9个月智能发育标准。

·拍手"欢迎"。大人说"欢迎"时招手，让宝宝模仿动作，如果宝宝会拍手表示"欢迎"，表明宝宝达到9个月智能发育标准。

第十一章

9～10个月：在父母的关爱和鼓励中学习

　　处于这个阶段的宝宝比其他任何时候，都更加需要父母的关爱和鼓励，尤其需要父母有足够的耐心和细心。对于这个月的宝宝，父母最好每天能抽出一定的时间来亲子共度，通过对宝宝的声音能力、语言词汇汇集能力、发音能力以及观察模仿能力与生活自理能力的训练，来保证宝宝智力的发育。

本月身体发育特点

10个月时，宝宝可以拉着栏杆从卧位或者座位站起来，双手拉着妈妈或者扶着东西蹒跚挪步，有的宝宝在这段时间已经学会扶着东西蹲下捡东西，还会在穿裤子时伸腿，用脚蹬去鞋袜。

身高

这个月男宝宝的平均身高约为73.6厘米，女宝宝平均身高约为71.8厘米。

体重

这个月男宝宝的平均体重约为9.5千克，女宝宝的平均体重约为8.9千克。

头围

这个月男宝宝的平均头围约为45.7厘米，女宝宝的平均头围约为44.5厘米。

牙 齿

这个月宝宝又陆续长出2～4颗门牙。

个体差异越发明显

10个月的宝宝无论是体格、外貌、智力都处于相对旺盛时期，生长发育良好的宝宝，给人的整体感觉是，健壮活泼、虎头虎脑、充满稚气，正是最讨人喜欢的时候。但有的宝宝却不是这样，体格瘦弱、头大脖细、精神萎靡，怕生现象严重，给人感觉生长发育得不是太好。这种发育中的个体差异表现的越来越明显。

会叫爸爸、妈妈

此时的宝宝也许已经会叫妈妈、爸爸了，而且能够主动地用动作来表示语言了。但是宝宝发出可识别词汇的年龄有很大差异。有些宝宝周岁时已经学会2～3个词汇，但可能性更大的是，宝宝周岁时的语言是一些快而不清楚的声音，这些声音具有可识别语言的音调和变化。只要宝宝的声音有音调、强度和性质的改变，就说明他已经在为说话作准备。在他说话时，你的反应越强烈，就越能刺激宝宝进行语言交流。宝宝这这个时期开始能模仿成人的声音了，并要求成人有应答，这说明宝宝已经进入了说话萌芽阶段。在这个阶段，宝宝可以在父母的语言和动作引导下，模仿成人拍手、挥手再见和摇头等动作。

学会了察言观色

宝宝可以通过看图画来认识物体，并开始很喜欢看画册上的人物和动物了。宝宝学会了察言观色，尤其是对父母和看护人的表情，有比较准确的把握了。如果妈妈笑，宝宝就知道妈妈是在高兴，是对他做的事情表示认可了，是在赞赏他，他也可以这么做。如果妈妈面带怒色，宝宝就会知道妈妈不高兴了，是在责备他，告诉他不能这么做。父母可以针对宝宝的这个能力，教育宝宝什么该做，什么不该做。但这时的宝宝还不具备辨别是非的能力，不能给宝宝讲大道理，否则会使宝宝感到无所适从。

专家指导

有些宝宝不能说简单词语不用担心

如果宝宝在这个月还不能说简单词语的话也不用担心，因为在这个阶段让宝宝理解词语的含义是最重要的。

🌸 能够轻易地站起来

现在，宝宝真正开始活动他的身体了，他能够轻易、自信地站起身来，并能很好地保持平衡；还可以爬行或匍匐而行，靠双手拖动身体来向前移动，但是宝宝爬的时候，腹部也许还不能完全离开地面；宝宝现在正在学习如何保持身体的平衡，因为他开始扭动躯干试图旋转身体，但是还不十分自信；能够从趴着的姿势变成站立的姿势，并从站立变为趴下；坐着的时候能够很好地保持平衡。

宝宝的手指越来越灵活，控制得也越来越好了。能用两手握住杯子，或者自己拿汤匙进食，虽然食物洒得很多，但宝宝最终还是能把小勺放到自己的嘴里。

🌸 认识常见的人和物

此时的宝宝能够认识常见的人和物了。甚至宝宝开始理解某些东西可以食用，而其他的东西则不能，尽管这时宝宝仍然将所有的东西都放入口中，但只是为了尝试。遇到感兴趣的玩具，宝宝会试图拆开看里面的结构，体积较大的，还知道要用两只手去拿，并能准确地找到存放食物或玩具的地方。此时，宝宝的生活已经很规律了，每天会定时

大便，明白早晨吃完早饭后可以去小区的公园里溜达。

🌸 能表达喜怒哀乐

10个月的宝宝情绪、情感更加丰富了。他会用表情、手势、声音来表达自己的喜怒哀乐，如用笑脸欢迎妈妈，用哭发泄不满。同时，宝宝还记住了自己不喜欢的人和事，比如再次到医院看病或打预防针，他看到穿白大衣的医生就躲，甚至离得很远就大哭。

科学的饮食营养

进入10个月的宝宝，如果能熟练地摆弄勺子，表现出吃东西的动作，而且不再依靠妈妈，自己就能往嘴里送东西了，这就意味着宝宝已经到了断奶后期了。

注意宝宝的营养需求

这个月宝宝的营养需求和上个月没有大的区别，添加辅食可以补充充足的维生素C、蛋白质、矿物质。鲜牛奶可以补充充足的钙。现在，即使比较充足的母乳，也不能供给宝宝每日所需的营养了，必须添加辅食。

断乳后的能量需求

10个月的宝宝每日需要热量1100～1200千卡，蛋白质35～40克。由于宝宝消化功能较差，所以就应在原辅食的基础上，逐渐增添新品种，逐渐由流质、半流质饮食改为固体食物，首选质地软、易消化的食物。此时宝宝的饮食可包括乳制品、谷类等。烹调时应将食物切碎、烧烂，可用煮、炖、烧、蒸等方法。

断乳后的饮食搭配

宝宝断乳后不能全部食用谷类食品，也不能与成人吃同种饭菜。宝宝的主食应给予稠粥、烂饭、面条、馄饨、包子等，副食可包括鱼、瘦肉、肝类、蛋类、虾皮、豆制品及各种蔬菜等。主粮为大米、面粉，每日约需100克，随着年龄的增长而逐渐增加；豆制品每日25克左右，以豆腐和豆干为主；鸡蛋每日1个，肉、鱼逐渐增加到每日100克；豆浆或牛乳每日500毫升，水果可根据具体情况适当食用。

辅食应定时定量

这一时期，宝宝已经进入了离乳期，可以用几颗牙齿和牙床品味咀嚼食物的味道了。当宝宝能有节奏地运动嘴部、一次的进食量达到小碗的2/3时，就可以把喂辅食的次数增至3次。如果宝宝依然不喜欢咀嚼，则可以推迟1～2个月。妈妈应分早、中、晚三次喂宝宝吃辅食，紧接着让宝宝吃足够的乳汁。如果宝宝吃下大量辅食，那么哺乳量自然就会降低。喂辅食的时间应当基本与大人的进食时间同步，如果大人在早、午、晚进食，那么可以在早晨和下午各喂宝宝一次辅食，将乳制品或饼干等作为零食随时食用。

让宝宝愉快进餐

有的宝宝总是不好好吃饭，那么，妈妈可以试试以下方式：你自己先吃，用夸张的方式吃饭，表现出你很喜欢食物的样子。如果宝宝认为你喜欢的话，他可能也会想要尝试。喂宝宝时，将一汤匙的食物放入他嘴里，同时拉抬起汤匙，他的上嘴唇于是会将汤匙清干净，这样也有助于让食物留在他口中。有些宝宝会伸手想要自己拿汤匙，有时还喜欢把食物掉到地上。所以，妈妈在喂宝宝时，要让他自己拿汤匙。最好要给宝宝使用能附着在托盘上的碗盘。

宝宝不宜吃的食物

·某些贝类和鱼类。如乌贼、章鱼、鲍鱼以及用调料煮的鱼贝类小菜、干鱿鱼等。

·蔬菜类。牛蒡、藕、腌菜等不易消化的食物。

·香辣味调料。芥末、胡椒、姜、大蒜和咖喱粉等辛辣调味品。

·另外，大多数宝宝都爱吃巧克力糖、奶油软点心、软黏糖类、人工着色的食物、粉末状果汁等食品，这些食品吃多了对宝宝的身体不好，因此都不宜给宝宝吃。

精心的日常呵护

这个月的宝宝，最大的变化就是妈妈可以开始训练宝宝大小便了，同时，爸爸妈妈还要注意宝宝头发的生长呵护以及了解使用学步车的利弊。

呵护宝宝头发的方法

一头好发，不仅对宝宝的外表是极为重要的，而且也是宝宝健康成长的标志。要想宝宝头发长得好，父母应该从哪些方面做起呢？

营养均衡

这对头发生长极为重要，要保证肉类、鱼、蛋、水果和各种蔬菜的摄入和搭配，此外，含碘丰富的紫菜、海带也要经常给宝宝食用。如果宝宝有挑食、偏食的不良饮食习惯，爸爸妈妈应该赶快纠正，以保证丰富、充足的营养通过血液循环供给宝宝的毛根，促进头发生长。

清洁头发

通常2～3天就应给宝宝清洗一次头发，使头皮得到良性刺激，促进头发的生发和生长，还可避免头皮上的油脂、汗液以及污染物刺激头皮，引起头皮发痒、起疱甚至发生感染，导致头发脱落；给宝宝洗发时，要选用无刺激、易起泡沫的儿童专用洗发液，洗头发时要轻轻用手指肚按摩宝宝的头皮；每次清洗后，最好用柔软而有弹性的儿童专用发梳为宝宝梳理头发，这样可刺激头皮，促进局部血液循环，促使头发生长。

睡眠充足

充足的睡眠对宝宝的头发生长也很重要，睡眠不足容易导致宝宝食欲不佳、经常哭闹、生病，间接地影响头发生长。

训练宝宝定时大小便

这时可以让宝宝坐在便盆上大便，便盆要放在一个容易看到的地方，而且位置要固定，以便让宝宝想要大便时形成条件反射去找便盆。宝宝小便次数较多，妈妈爸爸可以采取定时把尿的方法培养宝宝的定时排便习惯。把尿时，妈妈或爸爸要抱起宝宝，双手把宝宝的双脚分开，同时，妈妈或爸爸的嘴里还要发出"嘘嘘"的声音，经过多次训练，宝宝就会形成条件反射，以后再有便意时只要妈妈或爸爸一做这个姿势，听到"嘘嘘"的声音时他就会小便。

宝宝不宜睡软床

这个时期的宝宝，由于骨骼中的有机物含量多，无机物含量相对较少，因此非常有弹性，也很柔软，如果经常让宝宝睡在比较软的床上，就会影响到他正常生理弯曲的形成，导致驼背或漏斗胸，甚至还会影响腹腔脏器的发育。所以，平时要让宝宝睡铺有棕垫的床，不要睡铺海绵垫的床。

新鞋引起水泡的处理

如果宝宝的脚部磨出了水泡，可以在水泡处冷敷几分钟。用温和的肥皂及水清洗该部位，拍干。用消过毒的针从边缘将水泡刺破，轻轻挤出液体，让皮肤留在原处，覆上薄绷带。另外，要买合脚的鞋，而不是看起来"可爱"的鞋。宝宝的袜子也要合适，不应该太紧、太松或太厚。爸爸妈妈应每周检查一次宝宝鞋的合脚情形，只要大脚趾趾尖与鞋头之间有适当的空隙即可。当宝宝的大脚趾碰到鞋头时，就是该买新鞋的时候了。

🌸 学步车的好处

学步车是为宝宝学走路提供方便的工具，它会使宝宝克服胆怯心理，放心大胆的练习走路，并为宝宝日后成功独立地行走打下良好的基础。这会比宝宝扶桌腿或其他物品学走路更容易，更不易摔跤。

🌸 学步车的弊端

·把宝宝束缚在狭小的学步车里，限制了他的自由活动空间，减少了宝宝锻炼的机会。在正常的学步过程中，宝宝是在摔跤和爬起中学会走路的，这有利于提高宝宝身体的协调性，让他在挫折中走向成功，使宝宝产生一种自豪感，这对增强其自信心很有好处，而学步车没有这一功能。

·增加了宝宝学步的危险性。一些爸爸妈妈常将宝宝搁置在学步车中，就去忙其他的事情，这容易使宝宝发生意外，如撞伤及接触危险物品等。

·不利于宝宝正常的生长发育。宝宝的骨骼中含胶质多、钙少，骨骼柔软，而学步车的滑动速度过快，宝宝不得不两腿蹬地用力向前走，时间长了，容易使腿部骨骼变弯，形成罗圈腿。许多宝宝不具备使用学步车的协调、反应能力，容易对身体造成损害。

🌸 使用学步车须知

·不能过早使用学步车。在宝宝满10个月之前，最好不要尝试使用学步车。

·尽量购买正规厂家生产的学步车。并且，使用前应仔细阅读装配使用方法。

·宝宝使用学步车时，爸爸妈妈一定要在旁边看护，避免发生意外。

·不同宝宝对学步车的适应能力是不同的，因此，是否选择学步车要因人而异。

疾病的预防与护理

对于10个月的宝宝来说，提高抵抗力和预防疾病依然是爸爸妈妈面临的最重要的工作。此外，还要减少宝宝磨牙的机会，并防止宝宝出现"八字脚"。

不要轻易带宝宝去医院

天气转冷后，爱咳嗽的宝宝开始有痰，喉咙里总是呼噜呼噜的。但是只要宝宝精神状态很好，不发烧，不影响吃饭，睡觉时虽然出气很粗，但不会憋醒；咳嗽重时可能会把饭吐出来，但吐后精神好，饭量不减少，父母就不要着急带宝宝去医院。因为医院里有患各种疾病的儿童，以免交叉感染。

警惕宝宝"八字脚"

造成"八字脚"的主要原因是宝宝"缺钙"(维生素D缺乏性佝偻病)，此时宝宝骨骼因钙沉积减少、软骨增生过度而变软，加之宝宝已开始站立学走路，变软的下肢骨就像嫩树枝一样无法承受身体的压

> **育儿小百科**
>
> 如果必须带宝宝去医院看病，回来后一定要给宝宝洗手、洗脸，这样可以减少被感染的几率。

力，于是逐渐弯曲变形而形成"八字脚"。另外，不适当的养育方式也可能导致"八字脚"的发生，如打"蜡烛包"、过早或过长时间地强迫宝宝站立和行走等。为防止宝宝发生"八字脚"，首先要防止宝宝发生"缺钙现象"。爸爸妈妈要及时增加宝宝饮食中的钙物质，如豆制品等；另外，让宝宝多晒太阳和适当服用维生素D制剂来预防。如宝宝已经患"缺钙症"，则要带宝宝到医院进行检查和治疗。

🌸 手足口病的预防

夏季气温炎热，是多种疾病易发的时节，如手口足病、暑热症等，都可能在夏季侵袭抵抗力弱的宝宝。手口足病是一种发疹性传染病，引起该病的元凶是肠病毒。病毒感染率可高达80%左右，只是多为隐性传染，大多数可以自愈，但病情严重的时候也可能导致病毒性心肌炎。患病者常表现为

发疹，主要症状为口痛拒食，手足皮肤、口咽部出现大量疱疹，局部瘙痒，还会伴随流口水、嘴巴发臭、大便很干燥、烦躁不安并且哭闹不停等症状。手口足病到现在为止没有什么特效的疗法，只能对症处理。比如在急性期，父母就要注意让宝宝多休息，保持适当进食和补充水分。一般5~10天后，宝宝多数会自愈。日常生活中，父母要重视宝宝的卫生，增强他的体质以利于防病。

🌸 冻疮的预防

冬季时，当寒冷与潮湿结伴而来，造成皮肤血管发炎，冻疮便出现了。冬季预防冻疮应注意以下事项。首先，强化营养，注意添加维生素，尤其是维生素A和维生素D及脂肪含量丰富的食物，如牛奶、猪肉、蛋黄、动物内脏、胡萝卜等；其次，保护容易生冻疮的部位，如手、脚和脸部，外出前可给宝宝的脸部抹上一层薄薄的儿童护肤霜，并按摩一下脸部，再戴上手套，穿上柔软舒适的棉鞋；最后，有意识地锻炼宝宝的抗寒能力，如多带他去户外活动等。另外，要逐渐缩小室内外的温差，以免骤冷骤热引起宝宝皮肤冻伤。如果皮肤已经冻伤，就应及时向医生寻求帮助。

智能开发与训练

在这个月，宝宝开始学站、学走路、学说话等，宝宝需要开发的能力很多，爸爸妈妈要耐心地培养宝宝的这些能力。

锻炼宝宝站立

给宝宝准备能扶着站的东西，如沙发墩、小木箱、椅子、婴儿床等。宝宝扶着这些物体能够站立着，说明脊椎的三个生理弯曲就都形成了。宝宝刚刚可以扶着物体站立时，可能是摇摇晃晃的，像个不倒翁。当宝宝能扶着东西站稳后，就让宝宝靠在物体上，两手不再扶物，父母要在旁边保护着宝宝，锻炼宝宝独站片刻。

帮助宝宝做蹲起运动

从蹲着到站立，这个月的宝宝需要父母用手拉一下，或自己扶着物体站起来。自己徒手站起来需要有个过程，父母可以用手指轻轻勾着宝宝的手指，边说宝宝站起来，边用力向上拉。如果宝宝站起来了，就鼓励宝宝说："宝宝站起来了，宝宝长高了，宝宝真棒。"

训练宝宝迈步向前

这个月的宝宝可能会扶着床沿、沙发墩、木箱等横着走几步。有的宝宝会推着能滑动的物体向前迈步，但不敢离开物体向前走。这个时期，父母可以对宝宝进行这方面的训练，让宝宝靠着物体站在那里，妈妈蹲在宝宝前面，把手伸向宝宝，做出要抱的动作，并对宝宝说："宝宝走过来，让妈妈抱一抱。"这时，宝宝可能会试着让身体离开倚靠物体，两只小手伸向妈妈，要向前迈步。如果宝宝还不能向前迈出，身体已经向前倾斜了，妈妈就要及时地向前抱住宝宝，并鼓励宝宝说："宝宝真勇敢。"

🌸 训练宝宝会话的能力

　　妈妈和爸爸要充分利用这段时间，用与宝宝的生活联系最密切的简短的词语训练宝宝的会话能力。训练时应注意以下几点，

　　·要用普通话教宝宝正规的词语。如果宝宝说"儿语"时，妈妈或爸爸不要重复宝宝的"儿语"，而要用亲切柔和的语调把正规的词语教给宝宝。比如，当宝宝说小狗狗的时候，就要告诉宝宝正规的名称：小狗。

　　·宝宝比较容易接受的是名词和动词。尽管有时听不出宝宝在说什么，但妈妈或爸爸都要善于倾听和回应，你必须与宝宝进行对话，从而鼓励宝宝不断地进行尝试。

　　·要充分运用宝宝身边的东西，配合日常生活中的动作教宝宝。比如宝宝熟识的亲人、食物、玩具等。

🌸 理解宝宝的肢体语言

　　这时的宝宝还不能用完整的语言来表达自己的感受，丰富的身体语言势必成为宝宝的一个有力表达自己的工具，父母应学会倾听宝宝的身体语言，读懂宝宝的心情，以便及时的满足宝宝的需求。当宝宝找机会赖在妈妈身上、抓妈妈的头发、碰碰妈妈的脖子或在哺乳时用他的手握住妈妈的手指等。这都说明宝宝缺乏安全感，他要靠最亲密的接触来感觉到妈妈的存在。所以，当宝宝把妈妈刚做好的卷发弄得一团糟的时候，千万不要气呼呼地把他扔进小床，而是温柔而坚定地抱抱宝宝。

♥ 专家指导

帮宝宝了解未知的世界

　　在这个阶段，宝宝开始准备做一个独立的人了，研究妈妈的衣服和饰品是把妈妈留在记忆里的一种方式，而妈妈的拥抱则能帮助他了解未知的世界，并给他的冒险行为提供一份安心。

🌸 训练宝宝的自理能力

这个月的宝宝已经基本能够反映自己的意愿了，例如，当他感到饥饿想吃饭时就会指指奶瓶或饭碗，想戴帽子时就指指帽子，这时妈妈或爸爸就应该以身作则，把宝宝的日用品或玩具放在固定的地方，并可以因势利导，逐渐使宝宝养成不乱放东西的习惯。在做游戏时，妈妈可以为宝宝准备一个装玩具的箱子，在玩游戏时，让宝宝一件一件地把玩具从箱子里拿出来，玩完之后再把玩具递给宝宝，让宝宝试着一件一件地放回箱子里。

🌸 训练宝宝的模仿能力

模仿是一种天性，也是一种学习的方法。妈妈和爸爸要善于运用游戏来训练宝宝的模仿技能。做游戏时的模仿无时不在，如妈妈或爸爸先拿着有声响的玩具摇晃给宝宝看，宝宝听到声音之后，如果妈妈或爸爸把玩具交到宝宝手里，宝宝就会模仿着摇出响声。再如妈妈或爸爸教宝宝玩积木时，妈妈或爸爸先把一块积木放在桌子上，再拿一块摞上去，然后递给宝宝一块，让宝宝模仿，用不了几次，宝宝就会模仿着往上摞了。就这样，妈妈或爸爸摞一块，宝宝摞一块，慢慢地宝宝就会自己玩积木了，而且还可以用积木叠成多种不同的形状。此外，还可以让宝宝模仿敲鼓，妈妈或爸爸先拿小木棒敲打小鼓给宝宝看，宝宝在小鼓响声的吸引下，就会模仿着学，等宝宝亲自把小鼓敲响之后，妈妈或爸爸还可以在鼓声中摇晃着身体唱儿歌助兴。

投物游戏

能够训练宝宝手的精细动作和准确性、手眼的协调性。妈妈拿着一个小桶，宝宝手里拿着小玩具，妈妈对宝宝说："把你手里的玩具放到这个小桶里。"如果宝宝没有听明白，妈妈可以给宝宝做示范，或让爸爸把他手里的物体投到桶里，宝宝就会模仿爸爸的动作，把玩具放到桶里。不断拉远宝宝与桶的距离，训练宝宝投物的准确性。

牵手走步游戏

训练宝宝向前迈步，妈妈双手牵着宝宝两人相对，妈妈向后退，让宝宝向前走，一面走一面数数。这种走法会很慢，而且距离也不远，因为妈妈要不停地回头看路避开障碍物，而且宝宝的上身经常向前躬，全靠妈妈的拉力向前迈步，因为宝宝还未能完全站稳。

障碍游戏

培养宝宝解决困难的能力，在地板上摆放一排靠垫，两侧摆放沙发或椅子等作为"障碍物"。妈妈和宝宝分别坐在靠垫的两端，妈妈向宝宝伸出双臂并叫他的名字。宝宝在向妈妈爬过来的时候可能会在靠垫周围曲折前行。然后重复上面的游戏，不过这一次应该教给宝宝如何翻越障碍物。需要注意的是，障碍物必须质地柔软、不易倒塌，并且不能太高。在宝宝翻越障碍物的时候，妈妈必须一直在场做好保护。

❤ 专家指导

注意游戏中的安全

安全是现阶段宝宝生活中最需要关注的事情。在宝宝的活动范围内，要用布把家具的棱角包好；低矮的窗户和楼梯、台阶，一定要装上栅栏，并且要注意随时关闭，以保证宝宝游戏中的安全。

本月宝宝智能发育测试

这个月的宝宝对身边的一切事物都表现出浓厚的兴趣，在训练中有了不小的进步。

大动作

·能独立站片刻。扶宝宝站立后松开手，如果宝宝能独立站2秒以上，表明宝宝达到10个月智能发育标准。

·扶椅或推车走几步。让宝宝扶着椅子、床沿或小推车，鼓励其迈步。如果宝宝能迈3步以上，表明宝宝达到10个月智能发育标准。

精细动作

把一件玩具放进容器中。让宝宝将眼前的玩具放进一个较大的容器里，如果宝宝能将1~2件玩具放进容器内，表明宝宝达到10个月智能发育标准。

认知能力

认识的新物品（用手指）。让宝宝听名称指出相应物品或身体部位，如果宝宝能听声指物，则表明宝宝达到10个月智能发育标准。

言语交流

会叫"妈妈"。观察宝宝叫妈妈时是否特指自己的妈妈，如果宝宝能特指自己的妈妈，表明宝宝达到10个月智能发育标准。

会叫"爸爸"。观察宝宝叫爸爸时是否特指自己的爸爸，如果宝宝能特指自己的爸爸叫"爸爸"，表明宝宝达到10个月智能发育标准。

第十二章

10～11个月：运动能力不断增强

11个月的宝宝非常好动，在房间里四处游晃、玩耍；手的动作更加灵活，运动能力在不断地增强，除了喜好模仿外，还特别希望和人交流、玩耍。处于这个阶段的宝宝，仍需要父母的关爱和鼓励，做父母的千万不要忘记和宝宝之间的双向交流哦。

本月身体发育特点

这个月宝宝可能会有突飞猛进的变化，也许这个月他（她）就会第一次叫"妈妈"或"爸爸"了，第一次迈步走路了……这一切随时都可能发生。

身高

这个月男宝宝的平均身高约为75.3厘米，女宝宝的平均身高约为73.1厘米。

体重

这个月男宝宝的平均体重约为9.9千克，女宝宝的平均体重约为9.2千克。

头围

这个月男宝宝的平均头围约为46.3厘米，女宝宝的平均头围约为45.1厘米。

牙齿

这个月宝宝大概能长出5～7颗牙齿，当然也有些宝宝刚刚开始出牙，但乳牙萌出最晚不应该超过周岁。宝宝正常的出牙顺序是，先出下面的两对正中切牙，再出上面的正中切牙，然后是上面的紧贴中切齿的侧切牙，而后是下面的侧切牙。宝宝到1岁时一般能出这8颗乳牙。1岁之后，再出下面的一对第一乳磨牙，紧接着是上面的一对第一乳磨牙，而后出下面侧切牙与第一乳磨牙之间的尖牙，再出上面的尖牙，最后是下面一对第二乳磨牙和上面一对第二乳磨牙，共20颗乳牙，全部出齐在2～2.5岁。如果宝宝出牙过晚或出牙顺序颠倒，可能会是佝偻病的一种表现。严重感染或甲状腺功能低下时也会导致出牙迟缓。

模仿听到的声音

11个月的宝宝，能够在听了一段音乐之后，模仿其中的某些旋律；在听到动物的叫声之后，也可以模仿动物的叫声。

发出单字音

这个月宝宝说话可能会有突飞猛进的变化，能够有意识地发出单字的音，并且可以含含糊糊地讲话了，还能够有意识地叫"爸爸""妈妈"，会模仿某些声音和动作。对语言的理解能力也进一步提高，已能按语言命令行事，并会说"不"。对11个月的宝宝进行语言训练要注意的是，首先父母要给他创造说话的条件，如果宝宝仍用表情或手势、动作提出要求，父母就不要理睬他，使他不得不使用语言。如果宝宝发音不准，一定要及时纠正，帮他讲清楚，不要笑话他，否则他会不愿或不敢再说话了。

一只手扶着能走路

此时的宝宝坐着时能自由地向左右转动身体，能独自站立，一只手扶着能走路，推着小车能向前走。能用手捏起扣子、花生米等小的东西，并会试探地往瓶子里装，能从杯子里拿出东西然后再放回去。双手摆弄玩具很灵活。会模仿成人擦鼻涕、用梳子往自己头上梳等动作，会打开瓶盖，剥开糖纸，不熟练地用杯子喝水。

记忆力增强

宝宝的记忆力大大增强，能记得一分钟前被藏到箱子里的玩具。宝宝这时的认知能力发展较快，11个月时，宝宝开始乐于模仿大人的面部表情和熟悉的说话声了，还会自言自语地说些别人听不懂的话。宝宝现在已经会听名称指物了，当被问到宝宝熟悉的东西或画面时，会用小手去指；如果父母给予鼓励，更能激发宝宝的学习兴趣。

科学的饮食营养

11个月的宝宝吸收食物、消化食物的能力增强了，一般的食物几乎都能吃了，这时的宝宝，有时候还可以与爸爸妈妈吃同样的饭菜了。

避免填鸭式喂养

这个月宝宝的营养需求和上个月差不多，所需热量仍然是每千克体重110千卡左右。蛋白质、脂肪、糖、矿物质、微量元素及维生素的量和比例没有大的变化。父母需要注意的是，不要认为宝宝又长了一个月，饭量就应该明显增加，这会使父母总是认为宝宝吃得少，使劲喂宝宝，这是很多父母的通病。要科学喂养宝宝，不要填鸭式喂养。有不少宝宝在婴儿期不吃蔬菜，如果爸爸妈妈想尽各种办法，宝宝就是不喜欢吃，那么，就可以采用水果代替，千万不要在每顿饭强迫宝宝吃他不喜欢的东西。因为快乐的吃饭比什么都能吃更重要。

摄入脂肪应适量

脂肪虽然是很重要的营养素，但摄入不合理，同样也会给宝宝的身体带来一定的影响和危害。爸爸妈妈在为宝宝制定食谱时，应考虑宝宝的需要量，不宜过多，也不宜过少。如果供给脂肪过多，会增加宝宝肠道的负担，容易引起消化不良、腹泻、厌食；如果供给脂肪过少，宝宝又会体重不增，易患脂溶性维生素缺乏症。应给宝宝多摄入含不饱和脂肪酸的食物。脂肪的来源可分为动物脂肪与植物性脂肪两种。动物性脂肪包括动物肉、蛋、奶等，均含饱和脂肪酸。植物性脂肪主要为不饱和脂肪酸，是必需脂肪酸的最好来源，应该多选用植物脂肪。

🌸 含铁食物不可少

每100克猪肝中约含铁31.1毫克、含蛋白质20.8毫克。猪肝中还含有丰富的维生素A和叶酸，营养较全面。但猪肝中含有较多的胆固醇，一次不宜吃得太多。每100克蛋黄中约含铁10.2毫克、蛋白质15.2毫克。蛋黄含有丰富的铁、锌和维生素D，如果没有过敏的话，鸡蛋对宝宝来说是最重要的食物之一。

🌸 断奶也要讲科学

是否离乳不能由宝宝决定，要由妈妈把握。大部分妈妈在开始离乳后，看到宝宝哭或吵闹，就会忍不住喂奶。也有些妈妈认为，宝宝不能吃足够量的辅食，如果连母乳都不喂，就会造成营养不足，因此就会选择继续哺乳。事实上，虽然离乳绝非易事，但是，只要此前一直不间断地喂辅食，并合理地调节哺乳量，就不必担心。只要妈妈和宝宝忍耐1周左右，就可以完全离乳了。

🌸 合理搭配宝宝的饮食

在喂养宝宝时，父母要注意几种蛋白质食品应互相搭配食用。这是因为各种蛋白质食品中，所含的氨基酸种类不同，多种食物彼此搭配，可以相互补充，从而提高营养价值。主食除各种粥以外，还可吃软米饭、面条、小馒头、面包、薯类等，此外，各种带馅的包子、饺子、馄饨等也是宝宝很喜欢吃的主食，只是馅应剁得更细一些。

育儿小百科

为了促进宝宝良好的食欲，饭菜的种类要经常变换，并且要做得软、烂一些，以利于消化。而且每餐的食量要适量。

🌸 让宝宝自己吃水果

爸爸妈妈可以将水果切成小片，让宝宝自己拿着吃，既可锻炼咀嚼能力又能增加乐趣。如果宝宝吃的是西瓜或番茄，再健康的宝宝粪便中也会排出原物，因此，吃这种水果或蔬菜后，大便略带红色，并非消化不良，不必担忧。对于那些不爱吃水果或只吃很少水果、蔬菜的宝宝，每天可喂些果汁，以补充维生素。

🌸 给宝宝吃点心的方法

怎样调剂作为生活乐趣的点心和加强营养的点心，这要根据宝宝的营养状况来决定。如果宝宝本来就过胖并已被限制吃粥和米饭、面包等食物，那么，就可用水果来代替点心，只是不要给糖分较高的香蕉。反过来，对只吃一点儿粥、米饭、面包等，体重增加不甚理想的宝宝，可在加餐时间给宝宝吃点心。对只能吃三四口粥和米饭的宝宝，只要他喜欢吃甜味饼干或咸味饼干，都可以给他吃。如果是干净、新出锅的豆馅馒头，宝宝也可以吃一点儿。吃完点心，让宝宝喝些凉白开水，可以起到预防龋齿的作用。果酱面包、奶油面包等如果不新鲜，就有危险。给10个月前后的宝宝吃太妃糖之类的东西，仍有卡住喉咙的危险。

精心的日常呵护

在这个月，爸爸妈妈除了要关注宝宝的睡眠外，还应对宝宝嗓子的保护方法及宝宝的穿着问题多加注意。

保护宝宝嗓子的方法

每个父母都希望自己的宝宝有一副好嗓子，发出美妙动听的声音。然而，这除了先天因素外，爸爸妈妈还需要知道如何做好声音的保健。

避免用嗓过度

出现声音嘶哑现象的主要原因是宝宝没有学会科学发声，长时间用嗓过度或高声喊叫。宝宝的声带比较柔嫩，组织比较疏松，高声喊叫会导致声带充血、水肿。由于宝宝发育尚不成熟，很容易用嗓过度伤及声带。

穿衣不当对宝宝发音的影响

有些父母让宝宝穿紧身的衣服，认为穿着好看，其实，这会使宝宝的颈部、胸部和腰部受挤压，影响顺畅的呼吸而致发音不佳。

不良坐姿对发音的影响

要求宝宝坐时一定要有坐相，即背部挺直、头居中，这样呼吸和发声才流畅。如果弯腰驼背头向前倾，不但呼吸气流不会流畅，还会使发声受到影响。

站姿对发音的影响

宝宝站着学说话时，头颈部必须挺直，不要把头往下压，否则会使颈部紧张度提高，致使声带拉紧，影响发声。最好的站姿是头向前方直视，颈部直起。

🌸 宝宝学走不宜过早

宝宝运动功能的发育是个缓慢渐进的过程。宝宝的骨骼组织中含胶质多，含钙少，骨质比较软，容易受外力的牵引而变形。其肌肉组织中，尤其是下肢及足部肌群比较娇嫩，肌纤维细软含水分多，故肌力欠缺。如果练习走路的时间过早，全身的重量必为双下肢所承受，由于垂直重力的持续作用，往往使双腿产生弯曲畸形，甚至形成"X"形或"O"形。

日常生活中，可见到一些家长为尽早锻炼宝宝下肢的运动功能，常用两手支撑宝宝两侧腋窝，助力向上，反复使之做"跳跃运动"，这对宝宝下肢畸形的形成和发展起着一种推波助澜的作用。另外，过早学走路也使宝宝双足弓遭受重力压迫，加之维护足弓部位的肌力又较软弱，可使足弓渐渐变得扁而平，易形成"平板足"。

💜 学走过早易近视

长期以来，人们普遍以为宝宝走路越早就表示宝宝越健康，于是家长很早就让宝宝学走路。但其实这样的认识和做法恰恰是育儿的一个误区，这会对宝宝的生长、发育极为不利。另外，宝宝学走早容易导致宝宝近视。这是因为宝宝出生后视力发育尚不健全，他们都是些"目光短浅"的近视眼，而爬行可使宝宝看清自己能看清的东西，这便有利于宝宝视力健康正常地发育，相反，过早地学走路，宝宝因看不清眼前较远的物景，便会努力调整眼睛的屈光和焦距来注视景物，这样会对宝宝娇嫩的眼睛产生一种疲劳损害，反复则可损伤视力。

🌸 郊外活动的注意事项

去郊外活动时，为预防天气突然变化，要多准备几套备用的衣服。所需食品和水更要准备充分。同时还要准备一些常用的急救用品，以备宝宝摔伤、擦伤时用。为在郊外和宝宝一同活动，可以带一些皮球之类的简单运动器械，还可以带本植物图册，让宝宝把亲眼看到的实物与书本上的植物图片相对照，以加深对植物的认识和理解。

🌸 去游乐场所的注意事项

一般的游乐园设施都比较齐全，条件也很便利，爸爸妈妈可以带宝宝到那里活动、休闲。但由于游乐场所人多，春季等传染病流行时节最好不要到热闹、拥挤的游乐场所。如果是在夏天外出游玩，阳光强烈，要准备好帽子及防晒霜等。

🌸 参观展览馆的注意事项

为了提高宝宝的认知能力，开阔宝宝的眼界，爸爸妈妈可以带宝宝到各种展览馆去参观。带宝宝参观这些地方，一般只是走马观花，不需要花很长的时间，应根据气候条件准备适当的衣物和水。

🌸 度假的注意事项

带宝宝一同度假时，要选适宜的气候和合适的度假地点，最好避开旅游旺季，旅游景点和住处才不会过于拥挤，还会比较安静，费用也会比较少。此外，还要考虑到一些难以预料的事情，如宝宝突然生病等都可能打乱原来的计划，所以不要把时间规定得太死。

育儿小百科

带宝宝一同度假应尽量保证宝宝正常的生活规律和习惯，并能让宝宝像在家里一样活动自由。

疾病的预防与护理

提高宝宝的身体素质、预防感染，是养育宝宝过程中的重点也是难点。为了宝宝健康、茁壮地成长，爸爸妈妈要学会观察、判断宝宝的一些异常情况，以便问题得到及时处理。

预防疾病传播的措施

·避免宝宝接触刺激性气味及烟雾。因为一些刺激性的物质会很容易刺激到宝宝的眼睛、呼吸道及胃肠，增加生病的机会。

·宝宝房间内可使用空气滤净器，以减少空气中的杂质、灰尘。

·照顾宝宝的人，或者家中的其他人感冒时，应该尽量避免与宝宝进行"亲密接触"，如果宝宝暂时无法托旁人照顾时，也要避免与其面对面地呼吸、咳嗽、打喷嚏。

·疾病感染流行期间，应尽量避免带宝宝出入公共场所及人潮拥挤的地方，如游乐场、电影院、购物中心等。

掌握喂药的技巧

宝宝生病时会拒绝服药，这时候，父母要掌握一些技巧才行。如在喂液体药物时，妈妈采取坐姿，让宝宝半躺在妈妈的手臂上；用手指轻按宝宝的下巴，让宝宝张开小嘴；用滴管或针筒式喂药器取少量药液，利用器具将药液慢慢地送进宝宝口内；轻抬宝宝的下颌，帮助他吞咽。将所有药液都喂完后，加喂几勺白开水，帮助宝宝将口腔内的余药咽下。喂宝宝片剂类的药物时，要将片剂碾碎，并捣成散粉状；取适量粉末倒在小勺上，并在药粉上撒少许糖粉，用以遮盖药粉的味道；让宝宝张开小嘴后，将药粉直接送入口中；取装有适量白开水的奶瓶给宝宝吮吸，以利于宝宝将药粉咽下。

🌸 梨形虫病的预防

梨形虫病是一种会造成肠发炎的一种感染。由受到污染的食物或水中的寄生虫所引起，最常见于较大宝宝身上。症状包括腹泻、发烧、恶心、虚弱、胃气胀、打嗝、呕吐、腹部抽筋、粪便油滑。针对这种病，预防是最佳的"治疗"方法。爸爸妈妈要注意别让宝宝喝可能受到污染的水，只喝干净的纯净水。如果你不确定水是否安全的话，就将水煮沸5分钟后再给宝宝喝。

🌸 预防宝宝感染蛲虫

蛲虫是在肠与直肠内感染的寄生虫。蛲虫可能发生于任何年龄，其症状包括肛门皮肤刺激不适、肛门附近痛痒、烦躁不安、食欲不振等。为了预防宝宝感染蛲虫，家长每次帮宝宝换完尿布及上完厕所后就要仔细洗净双手。准备进食前也要彻底洗手，避免宝宝玩弄他的生殖器。没有包尿布时，别让宝宝去抓肛门附近的部位。如果宝宝已感染蛲虫，应尽快带他去看医生。

🌸 麦粒肿的防治

麦粒肿俗称"针眼"，是眼皮的皮脂腺肿胀的一种炎症。它是由于受到细菌感染而造成的，可发生于任何年龄。麦粒肿可能由于接触患者而被传染，如果该患者碰触受感染部位，然后又碰到他人的话他人即被感染。其症状包括肿胀、上眼皮或下眼皮边缘红肿疼痛、对强光敏感、流泪频繁。如果宝宝患了麦粒肿的话，要尽快带宝宝看医生，让医生处理。

智能开发与训练

　　11个月的宝宝在做事时已经知道先干什么，后干什么，意识到事情有一定的顺序。对宝宝的智力开发也与前几个月有了不同。在这个月，爸爸妈妈要对宝宝已经掌握的技能进行巩固训练，关键是要有延续性。

增强体能的基础训练

　　这个月还要继续巩固提高上两个月进行的体能基础训练，即爬行训练、站立训练和行走训练。

　　·爬行训练。在训练时，妈妈或爸爸要在宝宝前方呼唤宝宝的名字，或用宝宝喜爱的玩具引逗宝宝爬过去取玩具，以促进宝宝向前爬行，并要有一定的速度，或者在中途设置一些容易克服的障碍，如放一个枕头等。

　　·站立训练。训练时，妈妈或爸爸可先让宝宝双手扶着床栏杆或桌子站立，以后逐渐撤去作为依靠的栏杆等物体，当宝宝双手扶着栏杆或桌子站得较稳后，可以继续训练宝宝一只手扶着栏杆或桌子站立，再逐渐增加难度，让宝宝一手扶站，另一只手弯腰去取脚边的玩具。

　　·行走训练。训练时，妈妈或爸爸可以拉着宝宝的双手训练向前迈步，也可让宝宝扶着床栏杆，沿着栏杆走。当宝宝自己能走几步之后，妈妈或爸爸再给宝宝增加难度，在宝宝的前方放一个他喜欢的玩具，并用语言鼓励和引导宝宝向前迈步拿取，如果宝宝可以拿到，就要及时夸奖宝宝。行走训练最好在宝宝吃饱、排完大小便后进行，还要撤去尿布，衣服也不要穿得太多，以减轻宝宝身体负担。

❀ 给宝宝看图画书

在这个月，可以通过认识图画书上的图，教宝宝认识更多的事物，增强宝宝认识事物的能力。在让宝宝看图画书时，要注意以下问题：

· 图画书上的形象要真实。

· 图形要准确。

· 图画书的色彩要鲜艳。

· 每张图画内容力求单一、清晰。

· 不买有较多背景、看起来很乱的图画书，以避免婴儿眼睛疲劳，辨认困难。

· 最好先不要买卡通、漫画等图画书，待宝宝认识了大多数实物后，再买卡通、漫画类的，可引起孩子看书的兴趣。

· 把生活中能够见到的实物同书中图画比较着让宝宝认，更能增加宝宝对事物的认识。

❀ 提高语言能力的训练

爸爸妈妈在与宝宝游戏训练时，要给宝宝留下充分回答或指出的时间和机会，这时也需要爸爸妈妈重复所说的话或让宝宝指认的东西的名称。如妈妈或爸爸假装要宝宝帮忙找东西时，可以说"球，在哪里？"让宝宝有充分的时间去琢磨妈妈或爸爸说的话。如果宝宝用手指出球所在的地方，妈妈或爸爸就应给予奖励或夸奖，即使宝宝只是把头转向正确的方向也应肯定地说："对了，球，就在那里。"

♥ 专家指导

有一个良好的开端

这个月的宝宝，在会用语言回答好或不好之前，大都是以点头或摇头的方式表示好与不好，只要宝宝这样做了，就是一个良好的开端。

❀ 摇摆舞游戏

训练宝宝的平衡能力。这个游戏主要是训练宝宝大动作与平衡的能力，培养宝宝对音乐的节奏感。游戏时，妈妈或爸爸应先让宝宝坐在床上，同时，放一段宝宝最爱听的、节奏明快的儿童音乐。然后妈妈或爸爸要用手扶着宝宝的两只胳膊，协助宝宝左右摇身摆动，多次重复后，逐渐让宝宝自己随着音乐左右摆动。只要宝宝能独自站立20秒以上，就可做这个游戏，但在游戏时要注意时刻监护着宝宝，要让宝宝既能随着音乐的节奏左右摇晃，又不至于跌倒摔伤。

育儿小百科

游戏是宝宝智力发展的动力，它能激发宝宝的求知欲与创造力。实际上，游戏是一种培养和锻炼宝宝的手段。

❀ 翻画册游戏

训练宝宝的综合能力。妈妈一边一页一页地翻画册，一边用手指指着画册上的小动物，告诉宝宝动物的名称，并学这个动物的叫声。慢慢地，宝宝开始模仿妈妈，也开始这样翻画册。翻过一页后，看到画册上的小动物，让宝宝指着小动物达到练习宝宝伸手指的目的。然后问宝宝这个小动物叫什么名字，再想想它是怎么叫的。翻下一页时，妈妈在一旁要先问一问："宝宝猜一猜，下一个是什么动物啊？""是啊，该是什么动物了？"由此，宝宝开始练习记忆。这是练习手指灵活性的简单有趣的活动，这不仅锻炼了宝宝手的灵活运用能力、观察事物的能力，同时也锻炼了宝宝的思维能力和记忆能力。在这个时期，宝宝已经有了初步的思维能力。所以，这个简单的游戏，可以训练并提升宝宝的综合能力。

搭积木游戏

训练宝宝的观察力和手部肌肉。这个游戏主要是训练宝宝的观察力和手部肌肉动作的灵活性，锻炼宝宝对手部动作的控制能力，并理解物体与物体之间的关系。在游戏时，妈妈或爸爸要先给宝宝两块积木，让宝宝把一块积木摞在另一块积木上。再给宝宝一个乒乓球，让宝宝把乒乓球再摞在第二块积木上，无论怎么放，结果都是乒乓球从积木上掉下来。这时，妈妈或爸爸再给宝宝一块小积木，宝宝一摞就摞上去了。这样的成功会给宝宝带来喜悦，同时也会使宝宝对不同物体的不同性质具有初步的认识，尽管宝宝还不清楚物体的几何形状，但这样的直接体验会对将来宝宝的学习具有重要意义。

根据自身特点选择游戏

家长应该注意到不同宝宝的发展状况不同，因此，在为他们选择游戏时应照顾到宝宝自身的特点。如果让动手能力差的宝宝多玩玩积木，让表达能力差的宝宝多讲讲故事，让身体协调性不好的宝宝多学学兔子、小鸡走路，你会惊喜地发现宝宝的进步。

接触多种类型的游戏

有些父母总是给宝宝买同一类型的玩具，殊不知，每一类游戏活动只能锻炼宝宝某些方面的能力，长此以往，宝宝其他方面的能力就不能在游戏中得到提高。所以，应该在保证宝宝感兴趣，适合宝宝特点的前提下，让他尽可能多地接触多种形式的游戏。妈妈既要给他玩电动玩具，也要给他积木、拼图；既要给宝宝安排一些室内游戏，也要给他安排一些户外游戏。这样才能使宝宝在各个方面都得以发展。

本月宝宝智能发育测试

这个月宝宝会在各方面有了很大的发展。在今后的日子里，爸爸妈妈要与宝宝继续加油。

大动作

会扶家具行走。将宝宝领至小床边有栏杆处或长沙发边用玩具逗引他，如果宝宝能扶着家具走3步以上，则表明宝宝达到11个月智能发育标准。

精细动作

打开包积木的纸。在宝宝注视下，用一张信纸包起一块积木，打开，再包上，鼓励宝宝找积木。如果宝宝能主动打开包积木的纸寻找积木，并将积木拿到手，表明宝宝达到11个月智能发育标准。

认知能力

知道用棍子够玩具。将玩具放到宝宝可望而不可即的地方，并在宝宝身边放一根棍子，在爸爸妈妈的引导下看他是否知道用棍子够玩具，如果宝宝知道或能用棍子够取玩具即可表明宝宝达到11个月智能发育标准。

言语交流

·说些莫名其妙的话。当宝宝安静、愉快时，观察他的自言自语，如果宝宝能说出2～3个字组成的一句话，表明宝宝达到11个月智能发育标准。

·当宝宝有意识地发出"爸爸"或"妈妈"以外的一个字音时，例如，"要""走""拿"等。观察宝宝是否能有意识地发出一个字音，如宝宝要什么东西能发出"要"的意思或动作，表明宝宝达到11个月智能发育标准。

第十三章

11～12个月：渐渐成为独立的个体

1周岁左右，大部分宝宝都会走路了。宝宝现在更能自由地与人接触、四处"探险"。除此之外，他也更能脱离大人的控制而成为独立的个体。父母必须对宝宝的自由加以限制，至于如何在自由和限制之间达到平衡，则是父母和宝宝必须共同解决的事了。

本月身体发育特点

周岁是宝宝生长发育阶段的一个重要时期，也可以说是宝宝人生的一个坐标。从这时起，就意味着宝宝长大了，从今以后，爸爸妈妈不用再以月龄来计算宝宝的成长了，在父母的眼里宝宝也不再是"小毛头"了，而是一个有着自己的独特性格的个体。

身高

这个月男宝宝的平均身高约为76.1厘米，女宝宝的平均身高约为74.3厘米。

体重

这个月男宝宝的平均体重约为10.2千克，女宝宝的平均体重约为9.5千克。

头围

这个月男宝宝的平均头围约为46.6厘米，女宝宝的平均头围约为45.6厘米。

牙齿

1岁的宝宝一般已长出4～8颗牙。

腰部脊柱前凸

宝宝到了1岁左右时，就可以开始练习直立行走了，在身体重力等作用下，宝宝的脊柱出现了第三个生理性弯曲——腰部脊柱前凸。虽然1岁左右第三个弯曲已经出现，但由于脊柱有弹性，再加上宝宝骨头柔软稚嫩，在卧位时弯曲仍可变直。而且脊柱的3个弯曲一般要到宝宝6～7岁时才能固定下来，所以，爸爸妈妈要在宝宝小的时候开始，就让宝宝保持正确的坐、立、走的姿势，使宝宝拥有一个挺拔健康的身姿。

注意某一件事情

随着宝宝月龄的增长，宝宝能够有意识地注意到某一件事情。这种有意识地集中注意力，会使宝宝的学习能力大大提高。注意力是宝宝认识世界的第一道大门，是感知、记忆、学习和思维不可缺少的先决条件。当然，宝宝的注意力也需要父母的后天培养。

站、坐自如

此时的宝宝能够独自站起、坐下，而且绕着家具走的行动会更加敏捷。不必扶，自己站稳能独走几步。站着时，能弯下腰去捡东西，会试着爬到一些矮的家具上去。有的宝宝已经可以自己走路了，尽管还不太稳，但对走路的兴趣很浓，这一变化使宝宝的眼界豁然开阔。

对"不"有反应

此时宝宝对说话的注意力日益增加，能够对简单的语言要求作出反应。对"不"有反应，利用简单的姿势例如摇头代替"不"。尝试模仿词汇。这时宝宝能用单词表达自己的愿望和要求，并开始用语言与人交流。所发出一定的"音"开始有一定的具体意义。宝宝常常用一个单词表达自己的意思，如"饭饭"可能是指"我要吃东西或吃饭"。为了逐渐促进宝宝的语言发育，爸爸妈妈可结合具体事物来训练宝宝的发音。使宝宝在正确的教育下得到不断地提高和进步，12个月的宝宝可以说出"爸爸""妈妈""阿姨""帽帽""拿""抱"等5～10个简单的词汇。

科学的营养饮食

这个时期的宝宝，消化吸收能力显著增强，而且能够比较安静地坐下进食，用手拿小勺的本事也有长进，俨然成为家庭成员中的一分子了。

所需营养的来源

这个月宝宝的营养需求和上个月没有什么大的差别，每日每千克体重需要供应热量110千卡，蛋白质、脂肪、碳水化合物(糖)、矿物质、维生素、微量元素、纤维素的摄入量和比例也差不多。蛋白质的来源主要是副食中的蛋、肉、鱼虾、豆制品和奶类，脂肪来源于肉、奶、油，碳水化合物则主要来源于粮食，维生素主要来源于蔬菜水果，纤维素来源于蔬菜，矿物质和微量元素来源于所有的食物，包括水。

营养补充的注意事项

父母在给宝宝补充营养时，需注意以下问题：

·豆制品。豆制品虽然含有丰富的蛋白质，但主要补充的是粗质蛋白，宝宝对粗质蛋白的吸收利用能力差，会加重肾脏负担，所以，父母在给宝宝补充营养时，最多一天给宝宝补充50克豆制品。

·过渡食物。宝宝快1岁了，从以乳类为主食的时期开始逐渐向正常饮食过渡，但是，这并不等于断奶。宝宝即使不吃母乳了，每天也应该喝些牛奶或奶粉。

·高蛋白不可替代谷物。为了让宝宝进食更多的蛋肉、蔬菜、水果和奶，就不给宝宝吃粮食的做法是错误的。因为宝宝需要热量维持运动，粮食能够直接提供给宝宝所必需的热量，而用蛋肉奶提供热量，则需要一个转换过程。

❀ 按时按点就餐

给宝宝用餐就要按时按点，不能因为大人的原因而省略宝宝正常进食的某一餐。因为宝宝需要充足的营养，少了正餐或点心都会导致血糖降低，进而导致宝宝情绪不稳定。尤其是学步期间的宝宝，由于活动量增大、消耗多，因此就饿得快，这就需要中间加点儿点心来补充热量，但往往宝宝吃了点心后又可能不好好吃正餐，所以在这种情况下，在给宝宝吃点心时，不要让宝宝吃得太多，具体以宝宝能够正常吃正餐为原则。

❤ 专家指导

不定时就餐易患胃肠疾病

倘若宝宝不能定时进食或整天不断吃零食以及油腻食品，则会使胃不断存留食物和消化食物，胃肠时刻处于紧张状态，得不到必要的松弛，这样就会使宝宝食欲逐渐减退。长此下去，就会导致其消化功能紊乱而得胃肠疾病。

❀ 让宝宝远离食品添加剂

食品添加剂是指加入食品中的一些化学合成或天然物质，以起到改善食品品质，丰富食物的色、香、味，延长食品保存期的作用。尽管每一种食品添加剂的毒性都很低，但如果在膳食中的摄入量过大，仍然有带来副作用的可能。另外，食品添加剂容易降低人体的免疫力，影响宝宝的生长发育与健康，所以父母应尽量避免给宝宝吃加入食品添加剂的食品。

健康的饮食方式应该是给宝宝多吃新鲜的天然食品，减少食品添加剂的摄入，提倡多吃天然食品，少吃加工食品。尤其在给宝宝制作辅食时，父母应多采用天然食品，少使用罐装食品。

💗 禁食不如择食

在生活中，有许多同月生的宝宝，有的胖乎乎、圆滚滚；而有的却较瘦或比较适中。体重问题一方面取决于遗传、疾病等因素，另一方面就是取决于营养。但对一个体重超标的宝宝而言，禁食不如择食好。宝宝体重过重时，妈妈应给宝宝选择含热量少，但营养均衡的食物；而对于体重相对不足的宝宝，增加热量及营养均衡二者并重才是最根本的解决办法。

💗 注意食物的加工方式

由于宝宝的身体还未发育成熟，对食物的代谢速度比成人慢，因此，人工添加剂及一些不明物质可能会给宝宝造成身体上的伤害。无论采取什么手段加工和烹饪菜肴，食物的养分在处理过程中都会流失一部分。因此，爸爸妈妈在为宝宝准备适合的菜肴时，应选择最新鲜的原料，多用蒸、煮等最简单的方式，少用或不用煎、炸、烤的方式，这对宝宝来说才是最佳的饮食加工和烹饪方式。爸爸妈妈在做肉或鱼时可以撕成小片，蔬菜可切成片或是丝，面包可烤给宝宝吃。此时，宝宝仍处于继续快速生长阶段，宝宝可以吃接近常规饮食的食品了，如软饭、烂菜、水果、小肉肠、碎肉、面条、馄饨、小饺子、小蛋糕、蔬菜薄饼、燕麦粥等。但蔬菜应多样化，以逐步取代母乳或牛奶，使辅助食品变为主食。

🌂 育儿小百科

此时，除了给宝宝增加辅食外，仍要保证宝宝每天配方奶量在400～500毫升。为宝宝提供完整及均衡的营养，以满足其营养需求。

精心的日常呵护

为了让宝宝尽快独立，拥有自己的生活空间是非常重要的。宝宝拥有自己的生活空间，可以培养其自主性，激发其潜能。

增强抗疾病能力

每天睡觉前，妈妈在为宝宝脱衣服、做各项睡前准备工作时，宝宝的身体都会不可避免地要和空气直接接触。此时温差就会对宝宝的身体功能形成刺激，温差越大，刺激强度就越大，这可以有效地促进宝宝身体的新陈代谢，帮助宝宝改善体温调节的能力，提高宝宝对疾病的抵抗能力。当宝宝进入梦乡之后，会自然地翻身、蹬腿，这些动作都会加速周围空气流动，他们的皮肤可以直接感受到各种不同的细微变化，对温度的改变可以及时做出相应调整。不知不觉中便使宝宝对疾病的抵抗能力增强。

调整宝宝午睡的时间

多数快到1岁的宝宝，在睡眠时间上都会有不同程度的变化，如有的宝宝不想太早睡觉，而只想静静地躺一会儿或者坐上一会儿，那么，妈妈爸爸可以选择在晚上大约九点钟的时候再把宝宝放到床上。有的宝宝可能在中午以前发困，妈妈爸爸就要把午饭提前到11点半或11点，让宝宝在吃过午饭之后能睡一个长觉。一些以前在上午九点钟小睡的宝宝，快到1岁的时候要么会全然拒绝睡觉，要么将上午的睡眠时间不断向后推。如果上午睡得晚，到了下午三四点钟才能再睡一觉。这些变化都是暂时的，妈妈爸爸要适应这种变化，不要根据自己的意愿安排宝宝的睡眠。

裸睡的好处

宝宝探索世界的第一步是感受世界。积极利用感官发育敏感期，对宝宝进行感觉刺激是促进宝宝智力发育的很重要的一环。皮肤是人体和外界的屏障，同时也是最重要的感觉器官。通过裸睡，宝宝的皮肤直接和睡袋接触，可以感受到温暖、柔软的棉布。空气流动时，轻柔的风等种种不同的感觉，会时时刺激着宝宝，对宝宝的大脑发育有着积极的作用。宝宝裸睡还可以改善睡眠质量，促进血液循环，对某些疾病还具有缓解症状的作用，在恰当的条件下，用正确的方法让宝宝裸睡，对宝宝的生长发育会有意想不到的好处。

与宝宝亲密接触

帮助宝宝脱衣服，用掌心抚摩他的身体，为宝宝涂润肤油，把他抱在自己的怀里，以上这些动作都为母亲和宝宝亲密接触提供了绝佳的机会。在这个过程中，宝宝会看着妈妈的眼睛，肌肤相亲还会带给宝宝心理上的安全感，这是宝宝愉快成长中不可缺少的精神食粮。

克服宝宝害怕洗澡的现象

宝宝在1岁左右的这个阶段会非常害怕洗澡，这时妈妈要有针对性地给予解决。如果宝宝害怕进浴盆，妈妈也不要强迫宝宝，可以让宝宝先在一个浅盆里试一试；如果宝宝还是害怕，不妨在浴盆里放一些宝宝喜欢的玩具，直至宝宝不再害怕为止。往浴盆里放水时，可以先放2.5厘米高的水，等宝宝适应之后再适当加水。

做好宝宝学走时的保护

妈妈对宝宝学走时的保护和鼓励是最关键的，其实最好的保护是站在宝宝身后，扶住他的腋下随着他走，但这样半蹲着会很辛苦，所以不妨用一块布围住宝宝的前胸，你从后面提着布来帮他找平衡，这样就省力多了。或者在宝宝初学步的时候，先让他在学步车里练习，因为车的四面都有保护，宝宝想走想坐都可以，大人不但可以把自己解脱出来专心守着他，而且还不用担心他会摔倒。

♥专家指导

走路早晚有差异

一般，宝宝到 2 岁左右就都会独立行走了，所以妈妈们不要着急，别强迫他走，但如果 2 岁还走不稳或不会走，就要带他去医院检查了。

做好扶物行走的保护

此时的宝宝慢慢找到了走的"感觉"，两条小腿开始用力抬高，向前迈步而不是蹭步。当宝宝可以这样走的时候，就应该把学步车撤掉了，让宝宝练习扶着床沿或扒着小车走，大人在边上看着别让他摔倒就可以。如果大人不放心让他扶着东西走，还可以把双手放在他腋下，但要让他独立走，手劲儿需慢慢变虚，直到慢慢松手。

独立行走期的保护

宝宝开始下意识地挣脱父母保护的手臂，自己独自摇晃着走了。虽然走起来有点深一脚、浅一脚的，但父母不必担心。当然，宝宝自己走也需要父母的保护，比如父母面对面蹲下，让宝宝在中间来回走，距离要从近到远一点点调整。或者，给他定个距离，如让宝宝从床走到沙发，父母最好跟着以做好保护。

疾病的预防与护理

在这个月，爸爸妈妈不要忘记带宝宝到医院做周岁的全面体检，并且还要掌握口腔炎和厌食症的护理方法。

周岁体检的必要性

体检是医生和父母沟通的最佳时机，有些重要问题是父母必须在此时向医生问清楚的。体检的目的主要是为了让父母和医生都能充分了解宝宝的健康状况，同时帮父母消除一些不必要的担心。

周岁体检项目

·体重。健康宝宝的体重无论增长或减少均不应超过正常体重的10％，超过20％就是肥胖症，低于平均指标15％以上，应考虑营养不良或其他原因，须尽早在医生指导下纠正。

·身高。宝宝在1岁内生长最快，如喂养不当，耽误了生长，就不容易赶上同龄幼儿了。

·头围。1岁以内是一生中头颅发育最快的时期，测量头围的方法是用塑料软尺从头后部后脑勺突出的部位绕到前额眼眉上边。头围的增长，标志着脑和颅骨的发育程度。

·动作发育。这时候的宝宝能自己站起来，能扶着东西行走，能手足并用爬台阶，能用蜡笔在纸上戳出点或道道。

·视力。这时候的宝宝可以拿着父母的手指指鼻、头发或眼睛，大多会抚弄玩具或注视近物。

·听力。这时候的宝宝喊他时能转身或抬头。

·牙齿。这时候的宝宝一般应长出6～8颗牙齿。

❀ 了解宝宝的身体状况

拿到宝宝的周岁体检报后，应该让医生给家长分析宝宝目前的情况，有针对性地对症下药，根据情况父母更要清楚了解宝宝的具体情况，接受医生建议并提出自己的疑问。

❀ 宝宝厌食的对策

厌食症是指较长时期的食欲减退或消失，是由于多种因素的作用使消化功能及其调节受到影响而导致厌食。主要原因是不良的饮食习惯，另外还有家长的喂养方式不当、饮食结构不合理、气候过热、温度过高、患胃肠道疾病或全身器质性疾病、服用某些药物等。表现为精神、体力欠佳、疲乏无力、面色苍白、体重逐渐减轻、皮下脂肪逐渐消失、肌肉松弛、头发干枯、抵抗力差、易患各种感染性疾病等。宝宝出现厌食状况可参考以下方法治疗，但具体应遵医嘱。

·西医治疗。可口服胃蛋白酶合剂、乳酶生片、多酶片、酵母片等。

·中医验方。曲麦枳术丸加味：神曲、麦芽、白术各6～10克，枳实、陈皮、鸡内金各3～6克。舌苔厚腻湿重者，可将上述配方中的白术换为苍术，也是6～10克。

养胃增液汤加味：石斛、北沙参、玉竹、白芍各10～15克，山药15～20克，甘草、乌梅各6～10克。

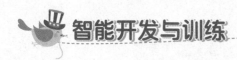 智能开发与训练

到这个月底，宝宝就满1周岁了，通过爸爸妈妈一年来辛勤的培育，爸爸妈妈在宝宝能力培养方面又将迎来一个崭新的局面。

❀ 让宝宝自己走

妈妈和爸爸牵着宝宝的手走路，和宝宝靠自己的力量走路，在保持身体平衡方面是不同的。在妈妈和爸爸牵着宝宝的手时，有的宝宝能走得很好，但妈妈和爸爸一旦放开手，宝宝自己就走不好了。所以，妈妈和爸爸要尽量让宝宝自己走。为了让宝宝尽快学会自己走，妈妈和爸爸要重视宝宝平时的体能锻炼。当宝宝在家里的时候，可以在妈妈和爸爸的保护下，在沙发上爬上爬下。如果住的是跃层楼房，让宝宝爬楼梯是很好的锻炼，但要注意安全。外出锻炼时，秋千、滑梯、小山都是这个月龄宝宝最喜欢的地方，妈妈和爸爸应该充分利用那里的设备对宝宝进行相应的训练。

❀ 赤脚走路的好处

我们常看到许多宝宝喜欢赤着脚走路，甚至有个别宝宝因偶尔赤着脚走路而显得特别高兴，这种现象好吗？答案是肯定的。首先，赤脚走路有利于宝宝身心的发育，增进健康，满足新鲜感。其次，宝宝赤脚走路时，会使足底稚嫩的肌肤直接接触地面产生摩擦，从而增强足底肌肉和韧带的力量，促进足弓的形成，避免扁平足的发生。再次，赤脚走路会使感觉器官直接接受到大地的刺激，可为大脑提供更多更准确的信息，这对刺激神经末梢的兴奋，完善其调节功能，增强宝宝的抵抗力和耐寒能力，增进宝宝的智力发展都是大有裨益的。

🌸 用笑容和宝宝交流

在所有表达方式中，笑容已经成为宝宝用来表示需求的手段，用笑容与妈妈和爸爸交流，这是宝宝智力发育更加成熟的具体表现。这个时期的宝宝，如果需要什么，不但会用小手去指或做个手势，而且还知道如何运用表情来加以配合。宝宝会因为发现有趣的事而笑，比如宝宝看到妈妈尝了尝自己奶瓶里的奶，可能就会用笑容说："妈妈也和我一样用奶瓶喝奶。"宝宝还会用笑容来表达自己快乐的心情，甚至淘气地从妈妈那里得到一个预期的反应，比如宝宝会顽皮地向妈妈笑，好像是说："我就知道妈妈会有这种反应。"在宝宝用笑容表达自己的感情和需求的同时，也希望和妈妈爸爸分享快乐。

♥ 专家指导

不要吝啬你的微笑

妈妈和爸爸一定要善于和宝宝用笑容进行交流，只有那种属于彼此之间的会心的笑容，才更能让宝宝感受到妈妈和爸爸给予宝宝的爱和关怀。所以，不要吝啬你们的微笑，宝宝会在父母的微笑中快乐成长。

🌸 宝宝注意力的培养

这个月的宝宝，虽然各方面的技能都有了较大提高，但在学习某种技能或知识时，能够集中注意力的时间却相当短暂。宝宝可能会花较长的时间在自己喜欢的玩具上，但当妈妈和爸爸给宝宝讲故事时，或者给宝宝玩别的玩具时，宝宝就很难安安静静地学习几分钟。所以，妈妈和爸爸在教育宝宝的时候，一定要掌握自己宝宝的极限时间，只要耐心地掌握好这个度，尽管每天看书或接受其他教育的时间很短，也会使宝宝养成学习的好习惯，并能积少成多，为将来的学习奠定稳固的基础。

找妈妈游戏

这个游戏和前几个月所做的"藏猫猫"游戏类似，主要区别就是过去妈妈或爸爸藏起来之后，总要特意留下明显的破绽，不是让宝宝看到妈妈或爸爸的脚，就是看到手。现在的这个游戏不再给宝宝留任何破绽，大人一直躲着叫宝宝的名字，直到宝宝顺声寻找。当宝宝经过自己的努力找到妈妈或爸爸时，一定会感到非常兴奋。这个游戏可以训练宝宝把妈妈或爸爸的声音和形象联系起来的能力，并通过自己的努力找到妈妈和爸爸，以增强宝宝克服困难达到目的的信心。

拆宝塔游戏

这个游戏和过去玩过的摆积木游戏也有区别，区别就是用积木块垒成宝塔后再让宝宝把它推倒。如果宝宝不愿意，妈妈爸爸就帮宝宝推倒，然后看宝宝是否会跟着做，最后鼓励宝宝自己再把宝塔垒起来。这个游戏不但可以锻炼宝宝手和眼的协调性，还可以让宝宝感觉到自己的力量，并提高他的创造性。

画画游戏

当宝宝的双手变得更灵活以后，我们可以通过绘画和手指画来提高他的创造力。妈妈和爸爸把宝宝放在高脚椅上坐好，保护好他的衣服、卷起他的袖子，拿报纸或塑料布垫在椅子下面。浇一些无毒的广告颜料在高脚椅上的浅盘里。引导他用手指蘸着颜料"作画"。宝宝很快就能理解其中的含义了，甚至开始用两只手共同制造出一场可爱的"混乱"。

❀ 照镜子游戏

让宝宝在镜子里记住自己的五官和样子，培养宝宝的视觉记忆能力。抱着宝宝站在镜子前。指着宝宝的脸说："这是谁呀？""这是宝宝！"指着宝宝的鼻子说："这是什么？这是宝宝的鼻子。"这样依次给宝宝指认五官。爸爸妈妈在给宝宝玩照镜子游戏时，应注意宝宝与镜子的距离保持约50厘米，因为距离太近可能会刺激到宝宝的眼睛。另外，做游戏的时间长短要适当。

❀ 游戏难度宜适当

很多父母都有这样的体会，花了上百元钱给宝宝买了玩具，没有多长时间，宝宝就扔在一边。表面上，这是宝宝的原因，实际上，往往是游戏的难易度不合适造成的。有的游戏难度过大，宝宝怎么都玩不好，因此，宝宝就容易失去兴趣。所以给宝宝的游戏，要具有适度的挑战性。

❀ 生活处处有游戏

做父母的，不仅要学会在商店的橱窗中给宝宝买玩具，更要学会抓住生活中的每个细节，为宝宝随时随地提供游戏。挖掘身边的游戏，将游戏融入宝宝的生活当中，可以使宝宝随时随地得到游戏的乐趣和收获。

♥ 专家指导

与宝宝一起游戏时爸爸妈妈要全身心地投入

虽然在游戏的世界中，宝宝才是主角，但爸爸妈妈全身心地投入与陪伴，也是游戏中很重要的一部分，千万不要抱着应付的态度。有了父母的陪伴，宝宝会玩得更带劲，也会因此而拥有一份健康的心态。

本月宝宝智能发育测试

宝宝1岁了，爸爸妈妈用心所付出的努力能否使宝宝通过下面的测试呢？

大动作

独走几步。让宝宝独站，鼓励他在父母之间独自走2~3步，如果宝宝能独走2~3步，表明宝宝达到12个月智能发育标准。

精细动作

用蜡笔在纸上戳出点。家长向宝宝示范用蜡笔在纸上戳出点或画道道，如果宝宝能用手握蜡笔在纸上戳出点或道道，则表明宝宝达到12个月智能发育标准。

认知能力

拉双绳取物。用120厘米长的绳子穿过一个杯子，将绳子两端放在桌子上宝宝能够得着的地方，并鼓励宝宝将杯子拿过来。如果宝宝知道抓住绳子将杯子拉过来，表明宝宝达到12个月智能发育标准。

竖起食指表明自己"1"岁。问宝宝"几岁了"，要求宝宝竖起食指回答，如果宝宝能有意识地指出或说出2~3个以上的单字（"爸""妈"除外），表明宝宝达到12个月智能发育标准。

言语交流

先把一个玩具放到宝宝手里，然后伸出手对宝宝说"把……给我"，观察宝宝的反应，如果宝宝能把玩具送到妈妈手里并主动放手，表明宝宝达到12个月智能发育标准。

第十四章

13～18个月：每天都有新惊喜

这时的宝宝机敏、好动，还有宝宝的语言，每一天都有新的长进。学到的东西令人欣喜，宝宝这时已掌握了很多技巧，学会了很多动作。这个年龄段的宝宝，接触外界环境相对增多，发育更加迅速。此阶段，父母要采取科学有效的培养方法来逐步激发宝宝的各种能力，使他们的心智发展更上一个台阶。

本阶段身体发育特点

1岁以后的宝宝，基本上都可以走了，还可以自信地站起来。宝宝已能用手和膝盖配合着攀登楼梯，再慢慢地倒着爬下来。

身高

这时男宝宝的平均身高约为82.5厘米，女宝宝的平均身高约为80.9厘米。

体重

这时男宝宝的平均体重约为11.5千克，女宝宝的体重平均约为10.8千克。

头围

这时男宝宝的平均头围约为47.7厘米，女宝宝的平均头围约为46.2厘米。

牙　齿

1岁半的宝宝一般已长出10～16颗牙。

能够弯腰站起并独自行走

大多数的宝宝能够独立行走了，会走以后的宝宝会更喜欢四处探索。手眼配合能力及操作能力也提高了，所有能够拿到的东西都要试图拿到。1岁半的宝宝现在走路早已不成问题，跑得也比较平稳了，动作已协调了许多。不像原来那么容易摔跤了。

认知能力有所发展

1岁半左右的宝宝开始思考和记忆那些不是眼前正在发生的事物。另外，宝宝的个性化也明显显现，当外界刺激超过了其承受范围时，宝宝通常都会发泄出来。

科学的营养饮食

1岁以后的宝宝可以食用的6大类食物：蔬菜类、五谷根茎类、油脂、鱼肉豆蛋、水果类、奶类，而这个阶段的营养均衡与否也将影响到宝宝未来的生长发育。

荤素搭配，粗细交替

这个阶段的宝宝膳食安排应尽量做到花色品种多样化，荤素搭配，粗细粮交替。安排各种食物，如鱼、肉、蛋、豆制品、蔬菜、水果等。保证维生素C等营养素的摄入。总能量每日需要90～100千卡/千克，蛋白质2～3克/千克，脂肪3.5克/千克，糖12克/千克，三者之比为1：1.2：4，优质蛋白质应占总蛋白质的12%～13%。最好每日仍给予1～2杯豆浆或牛奶，每日3次正餐，加1～2顿点心。

注意营养均衡

不少家庭在宝宝膳食安排上存在着早餐简单，热量不足，晚餐丰盛，营养过剩；食物单调，食谱面窄；主食精细，忽视粗粮；零食度日，主食偏少等问题。所以父母在给宝宝准备膳食时，应注意食物的营养均衡。

宝宝食欲下降的对策

父母可能会注意到学步的宝宝食欲明显下降，突然对吃的食物开始挑剔，刚刚吃一点就将头扭向一边，或者到了吃饭的时间拒绝到餐桌旁。这时，父母应该采取的措施是，在每次吃饭时，准备一些营养丰富的食物，让宝宝选择想吃的食物，尽可能变换口味并保持营养。如果宝宝拒绝吃任何食物，可以等着宝宝想吃东西时，再让他吃。

主食以谷类食物为主

宝宝虽然现在已经可以吃成人食物了，但由于此时消化功能还没有发育成熟，因此要尽量喂易消化的食物给宝宝。当宝宝进入幼儿期后，粮谷类应逐渐成为宝宝的主食。谷类食物是碳水化合物和某些B族维生素的主要来源，同时因食用量大，也是蛋白质及其他营养素的重要来源。在选择这类食品时应以大米、面制品为主，同时加入适量的杂粮和薯类。在食物的加工上，应粗细合理，加工过精时，B族维生素、蛋白质和矿物质损失较大，加工过粗、存在大量的植酸盐及纤维素，可影响钙、铁、锌等营养素的吸收利用。一般以标准米、面为宜。

乳类虽好莫过量

乳类食物是宝宝优质蛋白、钙、维生素B$_2$、维生素A等营养素的重要来源。因奶类钙含量高、吸收好、可促进宝宝骨骼的健康生长。同时奶类富含量赖氨酸，是粗谷类蛋白的极好补充。但奶类中的铁、维生素C含量很低，脂肪以饱和脂肪为主，所以需要注意适量供给。过量的奶类也会影响到宝宝对谷类和其他食物的摄入，不利于饮食习惯的培养。

食用肉蛋类食品

这类食物不仅为宝宝提供丰富的优质蛋白，同时也是维生素A、维生素D及B族维生素和大多数微量元素的主要来源。豆类蛋白含量高，质量也接近肉类，价格低，是动物蛋白的较好的替代品，但微量元素，如铁、锌、铜、硒等低于动物类食物。

🌸 蔬菜水果防便秘

蔬菜水果是维生素C和β-胡萝卜素的主要来源，也是维生素B$_2$、无机盐（钙、钾、钠、镁等）和膳食纤维的重要来源。在这类食物中，一般深绿色叶菜及深红、黄色果蔬、柑橘类等含维生素C和β-胡萝卜素较高。蔬菜水果不仅可提供营养素，而且具有良好的感官性状，可促进宝宝的食欲，防治便秘。

🌸 不宜使用彩色餐具

彩色餐具上绘有的图案所采用的颜料对宝宝的身体是有危害的，如陶瓷器皿内侧绘图所采用的颜料，其主要原料是彩釉，而彩釉中含有大量的铅，酸性食物可以把彩釉中的铅溶解出来，会与食物同时进入宝宝体内。再如涂漆的筷子，它不仅可以使铅溶解在食物当中，而且剥落的漆块可直接进入消化道。宝宝吸收铅的速度比成人快6倍左右，如果宝宝体内含铅量过高，会影响宝宝的智力发育。

♥ 专家指导

注意餐具的款式与功能

现在餐具的款式五花八门、形状各异，特殊形状的勺子方便宝宝把饭送进嘴里。餐具的款式虽然多，但还是以方便实用、外形浑圆为好。

🌸 使用安全的餐具

宝宝的定位能力和平衡能力较差，使用锐利的餐具，如刀、叉等，容易将口唇刺破。如果宝宝跌倒，还容易造成刺伤宝宝等意外，所以不能给宝宝用带尖、带刃的餐具。市场上宝宝餐具的品牌很多，家长在选购中应注意，安全是最值得重视的，而知名品牌经过了国家相关部门的检测，会更具安全性。

精心的日常呵护

在幼儿时期，尤其是1岁多的宝宝正是对外界事物充满好奇心的时候。这时，家长应该在日常生活中增加对宝宝适当的呵护，从各个方面给宝宝营造温馨安全的环境，但是不溺爱，使宝宝养成良好的生活习惯。

❤ 不宜穿开裆裤

1岁以后的宝宝已经能自由行动，户外活动也相应地多了起来，但这时的宝宝对卫生常识一无所知，随便什么地方都坐。如果穿的是开裆裤，特别是女宝宝由于阴部敞开、尿道短、阴道上皮薄，地面上的细菌等脏东西会轻易地从肛门、阴道及尿道侵入宝宝体内，易引起尿道炎、阴道炎及外阴炎等。另外，宝宝在坐滑梯、骑摇马或使用公共坐便器时容易感染蛲虫。妈妈爸爸可以通过培养宝宝养成自觉大小便的习惯后，逐渐让宝宝穿满裆裤，这样做不仅有利于宝宝的身体健康，而且会有助于培养宝宝的独立生活能力。

❤ 睡床要软硬适度

随着人们生活水平的提高，不少父母为让自己的宝宝睡得舒服一些，常常会让宝宝睡席梦思床或弹簧床，或者喜欢将宝宝的床铺得软软的，长此以往，对宝宝的生长发育会产生不利。同样，这个年龄的宝宝也不适应睡硬板床，因为硬板床质地坚硬，不利于宝宝全身肌肉的放松和休息，容易产生疲劳，影响宝宝睡眠。所以，父母在为宝宝选择睡床时，要选择软硬适度的床。相对来说，比较适合宝宝的是棕绷床，因为棕绷床柔软并富有一定的弹性，睡眠时既可使宝宝的肌肉得到充分放松，又不会对宝宝的骨骼发育产生不良影响，是较好的选择。

❀ 养成勤洗手的好习惯

此时的宝宝对什么东西都会产生浓厚的兴趣。如果在外面玩耍，他会捡地上的石头、挖泥土、拔地上的草、甚至会乱捡垃圾，弄得小手脏兮兮的。如果宝宝用脏手揉眼睛，会引起眼睛感染；用脏手直接拿东西吃，手上的细菌和寄生虫卵会一起吃到胃内，造成宝宝拉肚子。因此，必须让宝宝养成勤洗手的好习惯。饭前便后要洗手，特别是在外面玩回来之后，不管小手有没有弄脏，回家的第一件事就是要先洗手，因为很多细菌是肉眼看不见的。在用肥皂或者洗手液洗手的时候，可以让宝宝边搓揉边慢慢数数，等数到30了，再用水冲洗，确保小手洗得干干净净的。另外，指甲缝是细菌容易寄存之处，一定要给宝宝勤剪指甲，保持指甲清洁，不积泥垢。

❀ 锻炼宝宝早晚漱口

从1岁多起就应开始训练宝宝早晚漱口。训练时先为宝宝准备好水杯，并预备好漱口所用的温白开水。初学时，父母为宝宝做示范，把一口水含在嘴里做漱口动作，而后吐出，反复几次，宝宝很快就会学会。需要提醒的是，不要让宝宝仰着头漱口，这样很容易造成呛咳，甚至发生意外。在训练过程中，父母要不断地督促宝宝，每日早晚坚持不断，这样天长日久宝宝就会养成习惯。

♥ 专家指导

让宝宝学着使用小手绢

对宝宝来说，小手绢是一种很好的卫生工具。家长要教会宝宝不能用手或衣袖擦眼睛、擦鼻涕，要使用干净的小手绢。经过家长的时常提醒和示范，宝宝渐渐就会自觉地使用小手绢了。

规律作息的原则

· 尊重宝宝的节奏，不要让宝宝感受到压力。

· 随着宝宝的年龄、发展特性及需求而及时调整。

· 不要做硬性的要求，因为每个家庭的条件和习惯都会有所不同。

· 随着季节变化调整作息时间。

温馨舒适的睡眠环境

尽量不要开房间里的大灯，只开一盏灯光柔和的小壁灯即可，让宝宝一看到小壁灯亮起来时，就知道该到睡觉的时间了。选择透气性好的被褥、挂上宝宝专用蚊帐等，给宝宝营造一个温馨舒适的睡眠环境。

父母要做宝宝的榜样

宝宝习惯何时醒来、何时睡觉、何时玩乐，与父母本身的作息时间相关。宝宝的时间观念与父母的工作形态有关，如果父母必须要晚睡晚起，宝宝多半也会跟着这样做。所以，可能白天习惯睡觉的宝宝，如果要强迫他醒着，就会很不好控制。或者宝宝半夜醒来，熬夜工作的爸爸没有哄宝宝睡觉，还陪他玩耍，宝宝会觉得晚上比白天还好玩，当然晚上就会容易醒，这样的日夜颠倒，不但会让宝宝有不良的生活习惯，也会影响宝宝的身体状况。此时父母可以考虑配合宝宝调整自己的作息时间，让宝宝能有足够的睡眠时间。最好在每晚9点左右就寝，等到宝宝熟睡之后，爸爸妈妈再起来做自己的事。

疾病的预防与护理

1岁至1岁半的宝宝需要接种一些疫苗来增强免疫力，同时，父母要留意各疫苗的接种时间。另外，尽管父母都在尽自己最大的努力去照顾宝宝，可还是无法预料到一些意外的发生，因此，父母要时刻警惕细菌对宝宝的危害。

百白破加强

在宝宝1岁至1岁半时应接种百白破疫苗加强免疫1针。接种后局部反应见于注射10余小时后，可表现为红肿、疼痛、发痒，多于1～2日消退，个别宝宝会出现淋巴结肿大，大多在10余天后消失，少数宝宝消失较慢。此外，尚有倦怠、嗜睡、哭闹、烦躁不安等短暂症状，1～2日内消失。

麻疹疫苗复种

麻疹疫苗接种反应比较轻微。有5%～10%的宝宝于接种疫苗后6～12天，可发生短暂的发热及皮疹，但发热者体温一般不超过38.5℃，持续时间不超过2天。麻疹疫苗接种后的一般反应和加重反应一般不需处理，有发热者可给予解热镇痛药物。已得过麻疹且临床表现典型的宝宝可以获得较持久的免疫力，很少再患第二次，故不需要再注射麻疹疫苗。

加服脊髓灰质炎疫苗

脊髓灰质炎是由一种影响神经和消化系统的病毒引起的，由它引发的传染病能导致患者瘫痪，甚至在某些情况下致死。所以，父母可以选择给宝宝加服此疫苗，无副作用。

🌸 蛲虫、蛔虫的防治

宝宝的肠子里常常会寄生一些虫子，常见的有蛔虫、蛲虫等。这些虫子不但在肠子里吃住，而且还能繁殖。如果不积极防治，它们就会长期寄生在宝宝的身体里吸取营养，使宝宝贫血、消瘦。有的寄生虫会成群成堆地团在一起，引起肠堵塞等病症。

♥ 注意个人卫生

教育宝宝养成良好的卫生习惯，不生吃瓜果，蔬菜要洗干净，饭前便后要洗手，要常剪指甲，不吮手指头。另外父母还要消灭苍蝇、蟑螂，做好粪便和水源管理，搞好环境卫生，就能避免虫卵进入宝宝体内。

♥ 避免重复感染

如果感染了蛔虫和蛲虫，防范重复感染是非常重要的，其中，得蛲虫病的宝宝，晚上睡觉时父母要用布包上宝宝的手，给宝宝穿上满裆裤，扎好裤腿，使宝宝的手不能接触肛门，防止再次传染。此外，宝宝的内衣裤要每天换，换下后用水蒸煮消毒。被褥也要常晒，每次两三个小时。

♥ 药物驱虫

目前驱虫药多为广谱、高效、低毒的复方甲苯咪唑、甲苯达唑和阿苯达唑等药物，但这些药终究有一定的毒副作用。因此，宝宝要慎用，应遵医嘱或严格按照说明书合理选择毒副作用较小的药物使用。一般宝宝于每年春、秋季驱虫治疗1～2次为宜，同时要加强健康及卫生教育，养成良好的个人卫生习惯，每日按要求洗手，保持手部清洁卫生，可以有效减少或避免肠道线虫感染。

> **♥ 专家指导**
>
> **为宝宝驱蛔虫请找医生**
>
> 父母不要私自为宝宝驱虫，一定要在医生的指导下使用驱虫药物，因为在宝宝腹痛时驱虫，可能使蛔虫在腹内乱窜，引起严重的并发症。

智能开发与训练

现在的宝宝，仍然处在感觉动作教育阶段，宝宝各种动作、各式各样的活动，不仅能够满足宝宝好动的天性，还能有力地促进宝宝大脑的健康发育和智力发展。

进一步提高手指的灵活性

宝宝的手指虽然已经很灵活了，但还需继续训练，因为随着宝宝手指灵活性的进一步提高，可以促进宝宝的大脑发育。为此，妈妈和爸爸可以和宝宝一起做手指操。训练宝宝用手指拿东西，是刺激大脑最好的办法，可以让宝宝经常拿一些小的物体，其中搭积木就是这个时期最好的游戏。妈妈或爸爸也可以给宝宝放一段音乐，随着音乐的节奏，让宝宝的每个手指都得到运动。

锻炼手部小肌肉

手的发展和心智的发展是互相促进的，手在锻炼过程中不仅能促进小肌肉和运动智慧的发展，也能促进人的整体智慧的发展，也就是我们常说的心灵手巧。因此，应多多创造和利用机会让宝宝的手动起来。

生活中，让宝宝小手活动的地方很多，只要家长做个有心人，一定能够捕捉到更多的机会。比如，吃饭时，宝宝会把饭粒撒在桌上，他们会一粒一粒地去捏起来吃，爸爸妈妈可能觉得不卫生，不让宝宝捏，但其实这个过程非常能锻炼宝宝手指的能力，所以爸爸妈妈尽可能不要阻止宝宝这样做，因为他们这是在学习，在成长。我们要做的就是把桌子清理得干净卫生，方便宝宝捏饭粒。

增强宝宝表现的欲望

幼儿期是宝宝语言发展的一个非常重要和关键的时期。在这一时期，父母应该为宝宝创设良好的家庭语境，为其提供更多、更好的运用语言的机会。爸爸妈妈要用鼓励的方式、互相激励的办法让宝宝产生说的欲望。针对个别性格内向的宝宝，不要急于要求他能同其他宝宝一样一开始就能站出来说，而是进行个别交谈，一步一步地去引导他，帮助他克服心理障碍。其实有些宝宝不是不想说而是不敢说，宝宝的自信心直接影响到他的学习态度和学习的努力程度。自信心的树立一方面与以往成功和失败的体验有关，另一方面与成人的期望和评价有关。因此要通过为宝宝提供多种自我表现的机会，鼓励宝宝大胆的表达自己的思想、情感、愿望，并实施赏识教育，增强宝宝表现的欲望。

激发宝宝的表达愿望

宝宝的年龄小，他的学习往往从兴趣出发，若运用外部压力迫使宝宝被动说话，往往会给宝宝造成心理负担，甚至引起厌学情绪。因此，父母要做到每天和宝宝交流，交流的时间、内容和地点因人而异。妈妈虽然是有意识地与宝宝沟通、交流，但应该让宝宝感到这是随意、自然的聊天。比如，有意识地引导宝宝讲述在儿童读物上获知的有趣的事

情；说说自己在家的表现；还可以从宝宝感兴趣的事物中选择话题，如"我的房间""我喜欢的动画片"等。这种交流，一方面有助于了解宝宝的语言发展情况，另一方面有助于增加宝宝与父母交流的机会，激发宝宝乐于表达、敢于表达的愿望。

采蘑菇游戏

这个游戏可以训练宝宝走和蹲的动作，从而提升宝宝的肢体协调能力。爸爸妈妈准备一个小提篮，一只玩具兔子，一些彩色硬纸剪成的蘑菇，并将蘑菇散落在地上。取出玩具小兔，说小兔子饿了，让宝宝给小兔子采一些蘑菇。然后让宝宝提着篮子拾蘑菇，再走回父母身边来。在做这个游戏时，应注意蘑菇不要太多，不要让宝宝蹲的时间过长。

育儿小百科

宝宝长大了许多，对游戏的兴趣也更大了，爸爸妈妈要利用这个机会用游戏来拓展宝宝的能力。

追气球游戏

这个游戏可以培养宝宝控制身体动作的能力，发展动作的协调性，从而提高自身的肢体协调能力。爸爸妈妈准备一些小气球，将球系在胳膊上或腿上。然后在前方走动，让宝宝追身上的气球，停下来时，让宝宝拍拍胳膊上的气球或用脚去踩系在腿上的气球。做这个游戏时，一定要注意宝宝的安全，禁止宝宝用两只手捏气球的动作。走动时也要注意控制速度，以宝宝能触摸到气球为宜。

剥糖纸游戏

这个游戏可以训练宝宝手指的精细动作。准备几颗带糖纸的糖果，妈妈先做示范，将糖纸剥开，然后吃糖，笑着说："真甜，宝宝也想吃吗？"然后将一颗糖递给宝宝，引导他剥纸吃糖。做这个游戏时，应让宝宝用拇指和食指剥糖纸，不能用嘴咬。同时也应注意，不要让宝宝吃太多糖。

说错话游戏

这个游戏是为了训练宝宝的语言理解能力，其要在宝宝认识人的身体各部位名称的前提下进行。这个游戏可以培养宝宝的语言纠错能力，提升其语言智能，增加宝宝的语言理解能力。妈妈和宝宝面对面坐下，妈妈指着膝盖问宝宝："这是我的鼻子吗？"妈妈指着自己的眼睛问宝宝："这是我的耳朵吗？"如果宝宝发现妈妈说错了，就要表扬宝宝；如果宝宝没发现，可以加以指导。

追影子游戏

这个游戏可以锻炼宝宝行走的稳定性，同时还能促进视力的发展。可以选择晴朗天气，带宝宝到户外。妈妈先踩一踩宝宝的影子，然后说："呀，我踩到宝宝的胳膊了。"然后和宝宝互相踩影子，比一比谁不被对方踩到，踩到后可以大叫："我踩到你的胳膊了！我踩到你的腿了！"训练时，妈妈要提醒宝宝不要跑得过快，以免摔倒；并注意周围的环境，以保证安全。

面具游戏

这个游戏能培养宝宝的绘画和想象能力的同时，还能提高宝宝的形象思维能力。妈妈可以比着脸上眼睛、嘴巴、鼻子的位置在纸上剪4个洞，然后撕条纸带，两头用订书机定在耳朵的位置。然后将纸递给宝宝，指导宝宝在面具上画头发、胡子等，不过要注意别让宝宝拿到剪刀、订书机，以确保宝宝的安全。

独立自由的活动

各式各样的玩具推拉车，是宝宝学习迈步到独立行走的适宜工具。其既可以发展宝宝手臂和腿部动作的协调，学会独立行走，还可帮助宝宝及早摆脱对妈妈爸爸的过多依赖，学会独立自由的活动。

专家指导

游戏有助于宝宝快速判断能力的形成

宝宝在游戏中常常需要及时作出反应判断，这种反应判断方式十分生动活泼。宝宝在欢乐中不知不觉养成了敏捷的思考反应能力，对宝宝大脑的发育极有助益。

分蔬果游戏

这个游戏可以促进宝宝分类能力和思维能力的发展，从而提高宝宝的逻辑思维能力。妈妈准备一些干净的蔬菜和水果，先做示范，将蔬菜和水果分开。再把蔬菜和水果混合在一起，然后对宝宝说："妈妈不小心将蔬菜和水果混在一起了，宝宝能帮妈妈把蔬菜和水果分开吗？"当宝宝在分开的过程中出现错误时，家长可及时指出"萝卜是蔬菜，还是水果呢？"让宝宝动脑子考虑后再重新分。如果宝宝还不能分正确，家长可教宝宝"萝卜是蔬菜，应该放在蔬菜这边。"

扮鸭子游戏

通过训练让宝宝练习念简短的儿歌，促进宝宝语言的发展，从而提高宝宝的语言表达能力。游戏前，可帮助宝宝先热热身，伸伸胳膊，蹬蹬腿，扭扭腰。然后父母扮作小鸭爸爸或妈妈，戴上鸭子头饰，让宝宝当小鸭。鸭妈妈领着小鸭边找东西边走，并发出"嘎嘎嘎……"的叫声，头一摇一摆，模仿小鸭吃食的样子，让宝宝跟着模仿，也可以随口念儿歌："嘎嘎嘎，我是小小鸭。"让宝宝跟着模仿。

本阶段宝宝智能发育测试

1岁半的宝宝所掌握的技能超出父母的想象。看看能否通过下面的测试吧。

大动作

18个月的宝宝，能把单足抬起 1 秒，足够他不必扶人而踢球，说明宝宝能够把身体重心落在一只脚上了，表明宝宝达到18个月智能发育标准。

精细动作

为鱼点眼睛。宝宝不但会画长线，还会为鱼点眼睛，说明宝宝会用笔在指定地方涂点，如果宝宝能控制落笔点，为鱼点眼睛则表明宝宝达到18个月智能发育标准。

认知能力

认识 2 种以上颜色。如果认识红色和黑色，很快能记住对比最强的白色。有些宝宝还能辨认黄色，这样宝宝会用不太长的时间记住和辨认 4 种颜色。可以让宝宝指出哪种是叶子的颜色，哪种是头发的颜色，哪种是国旗的颜色，只要他能挑选正确，表明宝宝达到18个月智能发育标准。

言语交流

宝宝会说自己的年龄。宝宝会说自己"1岁"了这说明宝宝会有目的地回答问题了。此时，可以进一步要求宝宝，再问"你几岁"时，要回答"我1岁"。即用"我"回答别人对"你"的提问，表明宝宝达到18个月智能发育标准。

第十五章

19~24个月：让宝宝懂得更多的道理

此时的宝宝进入了积极的言语活动发展阶段，在理解语言的基础上，说话的积极性会逐渐提高，父母除了应该多鼓励宝宝表达沟通、提高宝宝的语言能力之外，还要多引导宝宝的行为，让宝宝懂得更多的道理。

本阶段身体发育特点

此时期宝宝能独立行走，与周围环境接触的机会较多，活动增加，牙齿长得很快，醒着的时间逐渐延长，睡眠的次数相应减少。这时理解能力和生活能力明显增强。

身高

这时男宝宝的平均身高约为87.2厘米，女宝宝的平均身高约为86厘米。

体重

这时男宝宝的平均体重约为13千克，女宝宝的体重平均约为11.9千克。

头围

这时男宝宝的平均头围约为48.8厘米，女宝宝的平均头围约为47.7厘米。

能说出100多个词语

随着宝宝不断长大，语言的发育速度非常快。语言能力强的宝宝1岁半时，已能说出100多个词语，且宝宝的语言模仿能力也令人惊讶。

喜欢问"为什么"

如果把一件玩具藏起来，宝宝不会再认为它会消失了，而是会努力地寻找。当宝宝懂得捉迷藏时，就会更理解与妈妈的暂时分离了，宝宝知道要自己去找妈妈。宝宝在这时也已经能够理解一些抽象的概念了，如今天和明天、快和慢、远和近等，也会更喜欢问"为什么"。

科学的营养饮食

宝宝的大脑现在正快速发育，爸爸妈妈在做日常饮食安排时，不要忘了多给宝宝吃些健脑食物。

选择健脑食物

父母要多给宝宝选择下面的健脑食物：

·动物内脏、瘦肉、鱼。动物内脏及瘦肉、鱼等含有较多的不饱和脂肪酸及丰富的维生素和矿物质。

·水果。特别是苹果，不但含有多种维生素、无机盐和糖类等构成大脑所必需的营养成分，而且含有丰富的锌，锌与增强宝宝的记忆力有密切的关系。所以要常吃水果，这不仅有助于宝宝身体的生长发育，而且可以促进宝宝智力的发育。

·豆类及其制品。豆类及其制品含有丰富的蛋白质、脂肪、碳水化合物及维生素A、B族维生素等。尤其是蛋白质和必需氨基酸的含量高，其中以谷氨酸的含量最为丰富，它是大脑赖以活动的物质基础。

·硬壳类食物。硬壳类食物含脂肪丰富，如核桃、花生、杏仁、南瓜子、葵花子、松子等均含有对发挥大脑思维、记忆和智力活动有益的脑磷脂和胆固醇。

食用健脑食物的注意事项

·健脑食物应适宜于宝宝的消化吸收。只有能够消化吸收，才能使大脑得到营养。

·健脑食物应适量、全面，不能偏重于某一种或是以健脑食物替代其他食物。

·健脑食物的种类及数量应逐步添加。

🌸 常吃胡萝卜的好处

胡萝卜是一种质脆味美、营养丰富的家常蔬菜，宝宝常吃胡萝卜，对增强身体免疫力，提高身体素质会很有好处。

💗 胡萝卜富含营养

胡萝卜含有蛋白质、脂肪、碳水化合物、钙、磷、铁、维生素B_2、烟酸、维生素C等多种营养成分，其中胡萝卜素含量较高。在胡萝卜素进入人体内，在肠和肝脏内可转变为维生素A，维生素A有保护眼睛、促进生长发育、抵抗传染病的功能，是宝宝不可缺少的维生素。因此，宝宝应多吃些胡萝卜，以获得维生素A。

💗 有益宝宝肠道健康

胡萝卜中的双歧生长因子，对人体3种双歧杆菌有明显的促进生长作用。双歧杆菌对人体无毒、无害、无副作用，是体内肠道吸收极为重要的有益菌群，因此，爸爸妈妈应多给宝宝吃胡萝卜，以保证宝宝肠道健康，防止腹泻、便秘等肠道疾病的发生。

💗 胡萝卜熟吃更好消化

从宝宝加辅食时起即可喝胡萝卜水、吃胡萝卜泥、蒸胡萝卜段。有的宝宝不适应胡萝卜的异味，就可将胡萝卜与其他食物混合制作，如烧肉末，青菜，豆腐炒胡萝卜，蒸蛋羹内放胡萝卜碎末，与青菜、肉混合做包子、饺子馅，做胡萝卜、白萝卜丝汤等。胡萝卜生吃，不如熟吃容易消化吸收。

❀ 果冻不宜常吃

果冻类食品，虽冠以"果"字头，却并非来源于水果，而是人工制造物，其主要成分是海藻酸钠。虽然来源于海藻与其他植物，但它在提取过程中，经过酸、碱、漂白等处理，许多维生素、矿物质等成分几乎完全丧失，而海藻酸钠、琼脂等都属于膳食纤维，不易被消化吸收，如果吃得过多，会影响宝宝对蛋白质、脂肪的消化吸收，也会降低对铁、锌等无机盐的吸收。

❀ 餐前不宜吃番茄

番茄应该在餐后再吃。这样，可使胃酸和食物混合大大降低酸度，避免胃内压力升高引起胃扩张，使宝宝产生腹痛、胃部不适等症状。

❀ 香菇不宜过度清洗

香菇中含有麦角甾醇，在接受阳光照射后会转变为维生素D。但如果在吃前过度清洗或用水长时间浸泡，就会损失很多营养成分。另外，煮香菇时要注意不能用铁锅或铜锅，以免造成营养损失。

❀ 韭菜最好现吃现做

韭菜最好现吃现做，不能久放。如果存放过久，其中大量的硝酸盐会转变成亚硝酸盐，引起毒性反应。另外，宝宝消化不良也不能吃韭菜。

♥ 专家指导

绿叶蔬菜宜急火快炒

绿叶蔬菜大都富含多种维生素，常会因加热过久而受到严重破坏。急火烹制虽然温度高，但时间短，可以相应减少维生素的损失。

精心的日常呵护

这个阶段正是宝宝性格的形成时期，也是宝宝扩大社交面的时期，爸爸妈妈要注意培养宝宝的个性与社会性。同时，也要培养宝宝一些良好习惯的形成。

不要给宝宝剪眼睫毛

一根睫毛的寿命不超过3个月左右，而且，每个宝宝的睫毛生长都有自己的规律，因此，给宝宝剪眼睫毛，并不会使宝宝的眼睫毛长长。所以，父母千万不要相信一些所谓的经验和秘诀。

剪眼睫毛不利宝宝健康

眼睛是心灵的窗口，宝宝通过眼睛来看这个丰富多彩的世界，而眼睫毛具有防止灰尘进入眼内、保护眼睛的作用。如果剪掉了宝宝的眼睫毛，宝宝的眼睛就会失去保护，此时，灰尘、细菌等很容易侵入宝宝的眼睛里，从而易引起各种眼病，很多宝宝在1~2岁的时候就患有结膜炎，是与妈妈下手剪掉保护宝宝眼睛的眼睫毛有直接原因的。

剪眼睫毛容易伤害眼睛

宝宝出生时，眼睫毛是看不到的，大约1周后，眼睫毛才会慢慢长出来。2~3个月大时，宝宝漂亮的眼睫毛就完全形成了。但是宝宝的眼睫毛相比成人，还是较短的，妈妈拿着剪刀给宝宝修剪眼睫毛的时候，剪刀锋利的尖端很可能会伤到宝宝的眼睛。一般来说，妈妈在给宝宝剪眼睫毛的时候，都是比较紧张的，一不小心手一抖，就会给宝宝带来无法挽回的伤害。

左撇子与遗传有关

从宝宝使用左右手的习惯，观察宝宝是左脑优势还是右脑优势外，其实绝大多数宝宝惯用手的习惯是家族遗传。比如，爸爸妈妈其中有人是左撇子，宝宝习惯使用左手的机会也就相对提高。从研究数据来看，大部分惯用左手的宝宝，都可以从亲属中找出相同属性的长辈。而宝宝习惯用左手，就表示宝宝的右脑比较有优势。

育儿小百科

此时宝宝使用左手或右手的习惯已经很明显了，父母就应该让宝宝顺其自然。千万不可以强迫宝宝一定要用右手，或以言语不断地纠正，那样做容易造成宝宝害怕、有挫折感，变得不喜欢动手操作。而且，长久下来会让宝宝处于挫折与无助感中，容易造成宝宝说话结巴、神经紧张、情绪不安等。

正确引导宝宝双手并用

当父母了解宝宝惯用左手的原因后，较能接纳宝宝这个行为。不过的确可以多刺激宝宝不常用的那只手，左撇子的宝宝可以让他学着用右手捡球；惯用右手的宝宝可以学着用左手捡球，因为在双手操作中，会同时刺激宝宝左脑和右脑的活动，多刺激脑部活动对宝宝的发展有相当大的帮助，但是遇到宝宝要操作精细动作时，例如，吃饭、画图等就别强迫宝宝一定要左右开弓"右手写字、左手做事"。只要父母顺应宝宝的自然发展，接纳宝宝与生俱来的特质与能力，从中协助与引导，宝宝惯用左手或右手都可以发展得一样好，大脑也会全方位地发展。

宝宝发脾气时的应对

很多父母都感觉到，随着宝宝月龄的增长，人长大了，脾气也有些大了，遇到不顺心的事会生气，或达不到自己目的时会大哭大闹，大发脾气。这时，父母要理智、冷静地应对宝宝的哭闹。

❤ 营造和谐的家庭气氛

当宝宝发脾气的时候，父母应该温和地加以阻止，告诉他这么做不好，并在生活中为他做出处事的榜样。如果宝宝开始学着控制自己的情绪，父母一定要表扬他，经过一段时间以后，他就会自然而然地成为脾气温和的宝宝了。

❤ 不理会宝宝的哭闹

当宝宝发脾气哭闹的时候，做父母的什么也别做，要让他知道哭闹既不能引起你的注意，也不能帮他达到目的。父母可以选择暂时走开，装作不理睬他的样子，把他关在他自己的房间里，或是把自己关在房间里。如果怕他发疯般哭闹，或伤害自己，可以把他关在安全的地方。

❤ 别忘了夸奖宝宝

待宝宝哭闹的暴风雨过去之后，就要立即夸奖他能控制住自我，而且与他开始另一种不会有挫折感的游戏。对他说："宝宝以后不要大哭大闹了，只要像现在这样听话，妈妈还是喜欢你的"。由于这是你对他的哭闹首次发表意见，会帮助他了解你刚才不理会的是他的哭闹，而不是他本人。

❤ 专家指导

宝宝发脾气时父母一定要冷静

有的父母，只要宝宝一发脾气，自己也随着大动肝火，其实这样并不能让你的宝宝停止哭闹，反而会火上浇油，很多的宝宝会趁此大哭大闹。所以，宝宝哭闹的时候，父母一定要保持冷静。

❀ 练习给洋娃娃穿、脱衣服

当宝宝表示要自己穿衣服、脱衣服的时候，可以让宝宝用洋娃娃做练习，先让宝宝分清衣服的正反面，然后给洋娃娃脱去衣服，然后再穿上。宝宝每完成一步就要表扬他，并让宝宝有机会多练习。让宝宝练习扣扣子、拉拉链、勾裤钩和解纽扣，最后练习系鞋带。父母要有耐心，不要期望宝宝很快就能学会，因为宝宝还小，但最终会学会的。

❀ 穿、脱衣服从简单到复杂

在最开始的时候，妈妈要为宝宝选择穿脱起来都很简单的服装。对宝宝来讲，有松紧带的裙子和裤子，套头衬衫既好穿又好脱，而系扣子的大衣或带拉链的滑雪服就比较难对付。当宝宝把简单的服装应付自如后，再逐渐让宝宝穿式样较复杂的服装。

❀ 妈妈给宝宝做示范

宝宝凡事都喜欢照父母的样子做。如果你一边给宝宝穿衣服，一边做示范，宝宝便会喜欢去学。这样不仅可使宝宝学会正确的穿衣方法，也会使宝宝习惯穿衣。

❀ 提供适当的指导

一旦发现宝宝遭遇困难，父母可以提供适时的指导与协助。如教宝宝扣纽扣时，要叮嘱宝宝从下往上扣，这样会顺手一点，并要宝宝用一只手先扒开扣眼，再用另一只手捏紧纽扣，最后把纽扣进扣眼里。教宝宝穿袜子时，要先让宝宝弄清袜跟不能穿到脚面上，而是应该正好套住脚后跟，并且帮助先把袜子卷起来，再让宝宝把脚趾伸进袜筒内，然后一边伸一边拉袜口，这样穿起袜子来就容易多了。宝宝学得也会快很多。

疾病的预防与护理

宝宝生病是一件不可避免的事，带宝宝看病则是门学问，所以，做父母的千万要对此引起重视。这个时期，父母不仅要注意做好宝宝的日常护理，还要掌握一些宝宝受到意外伤害和患病时的处理方法。

❤ 误服干燥剂的应对

现在的小食品包装袋里多半有干燥剂，宝宝常常以为是好吃的，拿出来就放嘴里大嚼特嚼，这时父母可要注意了。目前食品干燥剂大致有4种。一种是透明的硅胶，没有毒性，误食后不需做任何处理。另一种是三氧化二铁，具有轻微的刺激性。如果误食的量不是很大，给宝宝多喝水稀释就可以了，但如果宝宝误食的比较多，出现了恶心、呕吐、腹痛、腹泻的症状，要赶快去医院就医。还有两种白色的粉末，一种是氯化钙，只有轻微的刺激性，多喝水稀释一下就行了；另一种是氧化钙，它遇水后会变成碳酸氢钙，有腐蚀性，误食后要马上去医院就医。

❤ 防止宝宝误服药物

家里所有药物的药瓶上都应写清药名、有效时间、使用量及禁忌症，以防给宝宝用错。为了防止宝宝将糖衣药当糖豆吃，药物一定要放在柜子里收好，有毒的药物外包装必须严密，使宝宝即使拿到也旋转不开。如果宝宝错喝了癣药水、驱蚊水等外用药，应马上叫宝宝喝浓茶，因为茶叶中含有鞣酸，具有沉淀和解毒的作用。稍作缓解之后，赶紧送医院检查诊治。

🌸 骨折的处理方法

如发现宝宝的四肢有明显的肿大疼痛，运动困难或左右两侧有不对称现象，则可能是骨折，在送医前要先把受伤部位固定好，以减少疼痛及预防在搬动时加深伤害。简单的方法是用一叠报纸或一个枕头，放在受伤的肢体底下，最好能包含骨折部位远端的关节，如小腿骨折，则包含整条小腿及髁关节（小腿及脚之间的关节），用绳子或粗胶带在骨折处上下侧捆绑固定。

🌸 头部受伤及时就医

宝宝跌倒后是否有头部内伤是最困扰父母的问题，如果跌倒后有过昏厥或意识不清的状况时，最好立刻送医检查，不能单靠有没有伤口或流血来辨别伤害的严重度，有时候有明显的伤口反而较不会有颅内出血，因为大部分的撞击力量都被外面的皮肤及组织吸收。

🌸 轻度跌伤的护理

宝宝跌倒摔了一跤，家长应将宝宝抱起，看一看跌摔在什么部位，该部位能否活动。如摔了腿，但站起来后还能活动，则说明未发生骨折，仅仅是表皮或软组织受伤并不要紧。可将皮肤擦破部位，用清水洗净，涂以红药水或外敷云南白药，以消毒纱布及绷带裹好。若软组织损伤、局部肿胀、疼痛明显，需到医院拍X射线确认有无骨折，如无骨折，可服用跌打丸、三七伤药片、云南白药、沈阳红药等药物，注意观察肿胀局部的变化，并应适当休息。

育儿小百科

跌倒是宝宝常有的问题，父母要了解一些跌伤的治疗方法，以便更好的照顾受伤的宝宝。

智能开发与训练

智力由思维能力、想象力、记忆力、观察力、专注力、操作能力组成。在训练宝宝的时候，要注意各方面基本能力均衡培养，比如不能忽视培养宝宝的自理能力、社会交往能力等。

宝宝跑步的训练

在日常生活中，常见1岁半到2岁的宝宝几乎是用满脚掌跑，摇摇晃晃，手脚协调动作不明显，属于跑不稳阶段。这时，父母应手持玩具引导宝宝跑着来拿，同时父母一面后退，一面注意保护宝宝不要摔倒，跑一段路后把玩具给宝宝，让宝宝边玩边休息一会儿。然后，再用另一玩具引导宝宝再跑。至于跑的次数、距离，要因人而异。但注意不要使宝宝产生疲劳。

宝宝双脚跳的训练

让宝宝学会双脚跳，对其身心发展有着重要的作用。从生理角度看，跳是一个复杂条件反射的建立过程。宝宝在克服自身体重跳起来时，需要付出很大的努力。因此，这能锻炼宝宝身体大肌肉群和预防肥胖。具体方法是：让宝宝扶双手进行双脚跳，这时父母用双手拉着宝宝的双手，然后和父母一起用力跳起来，跳一会儿，休息一会儿，千万不能用力提拉着宝宝的手做双脚跳的动作；父母也可采取让宝宝通过跳拿玩具。让宝宝学跳的动作，一定要注意由易到难，循序渐进。双脚跳的正确动作特别是落地时，要教宝宝两脚掌先着地，两腿稍曲成半蹲状，然后站直。

与宝宝一起看、听、说

我们的生活中充满着形形色色的事物和声音。1岁半以后的宝宝基本上能够走路了，活动范围比以前大了许多，父母可以带宝宝到各处走走，让宝宝接触更多的事物和声音，丰富宝宝的感观刺激，为宝宝的听说提供更多的素材，比如可以领宝宝去公园玩。可以把宝宝放在地上，扶着宝宝一起走，领着宝宝看、听、说。看到大树时对宝宝说，"宝宝看看，这是什么呀？这是树。你看高高的树干，绿绿的树叶，多好看啊！""大树的底下是小草，密密的，你看草是什么颜色的呢？对了，是绿色。""咦，这里又是什么？这么漂亮！这是花。你看有红色的花、黄色的花、紫色的花。是不是？种在这里多好看呀！"另外生活中还有好多这样的教育机会，父母只要做个有心人，与宝宝一起看看、听听、说说，宝宝的语言智慧肯定会发展得很好。

适当增加故事的复杂性

近2岁的宝宝，有了一定的理解能力和词汇量，故事的情节和词语可以有一定的复杂性，但像寓言这类有太多深意的故事还是不用为好。爸爸妈妈可以给宝宝选择一些童话故事、神话故事、寓言故事，甚至可以自己根据宝宝的情况自编故事等。在给宝宝讲故事的时候，爸爸妈妈最好能够表情丰富，语音语调随着情节的变化而有所变化，

让故事充分地感染到宝宝。遇到一些宝宝平时没有听过的词语时，一定要给宝宝解释清楚，以便让宝宝能理解该词语，并增加词汇量。

增加宝宝的认识和理解能力

宝宝1岁半时只能发一些简单的音，说出一些简单的词语，还达不到与父母对话的程度，但是这个时期是理解语言和对语言产生兴趣的关键时期，因此，在这一个时期，父母一定要尽可能多地与宝宝"谈话"，把自己要做的、正在做的事情告诉宝宝，把看到的东西、听到的声音都讲给宝宝听，让宝宝能够处在一个充满语言的世界，不断增加宝宝对世界的认识和理解。

玩具不能代替小伙伴

玩具陪伴宝宝一同成长，它带给宝宝的不仅是快乐，还促进了宝宝其他方面的成长，因宝宝在玩玩具的过程中不断地探索、积累、发展，玩具还使宝宝变得更聪明、更灵活。但玩具绝对不能代替同伴。如果宝宝总是缺少与同伴交往的机会，只与玩具相伴就会处在不真实的世界里，交流总是单向的，没有回应的，长此以往，宝宝的性格发展就会存有缺憾，容易任性、内向、孤僻、不易被他人接受。宝宝与同伴交往有其独特的作用，同伴是宝宝行为、语言等方面学习的榜样，宝宝在与同伴的交往中。学会的是社会性交往能力，尝试调整自己的行为，主动适应并融入社会环境之中。而这一切是玩具无法具有或代替的。如经常跟大方的、大胆的儿童在一起玩，宝宝也会以此标准来衡量自己，并获得同伴认同，形成自我尊重的基础；在与同伴互动过程中，宝宝会认识到别人的观点、需要，学会了解别人、理解别人，约束自己的不合理行为；在成长过程中，宝宝还会有许多困惑、烦恼、焦虑，在父母处可以得到宣泄，在同伴处也可宣泄。

🌸 猫抓老鼠游戏

训练宝宝跑的能力。爸爸妈妈准备一只老鼠玩具，或者自己制作一个老鼠玩具，由爸爸妈妈牵着老鼠跑。让宝宝扮演小猫，来捉老鼠。爸爸妈妈可以根据宝宝跑的能力来控制老鼠跑的速度。玩几次之后，可以和宝宝互换角色，把老鼠系在宝宝身上，爸爸妈妈来追"小老鼠"。

育儿小百科

在家里玩游戏时，父母要把场地清理干净，不要让一些物体把宝宝绊倒，甚至弄伤。

🌸 跳伞游戏

训练宝宝跳的能力。这个游戏是让宝宝练习双脚从高处往下跳的能力，培养宝宝跳跃的能力和勇敢精神。第一步：在室内游戏，把被子叠成10厘米左右的高度，让宝宝站到上面。然后跳下，因为直接在户外或硬的地上跳有可能会受伤，而且宝宝开始可能不敢跳，所以我们先在室内预演，训练宝宝的胆量和跳的技巧。第二步：到户外，找一个有小台阶的地方。爸爸妈妈和宝宝一起唱着儿歌，做着开飞机的动作，说到要跳伞时，和宝宝一起站到台阶上，然后跳下。可以多做几次，根据宝宝的发展情况，增加台阶的高度。

🌸 聊天游戏

提升宝宝的语言交流能力。通过这个游戏可以激发宝宝的想象力和发音能力，从而提高宝宝的语言能力。妈妈拿出小猪储蓄罐，引导宝宝和小猪宝宝聊天："小猪宝宝长得真可爱，宝宝长得可爱吗？"鼓励宝宝回答，并和小猪宝宝聊天。这个游戏玩熟后，妈妈还可以拿出家里其他的玩具，引导宝宝和它们聊天。

本阶段宝宝智能发育测试

2岁的宝宝社会交往行为越来越频繁，通过父母不断的训练，智能得到了很好的发展。

大动作

能稳稳地走，会上下斜坡，并绕跨障碍走；会扶栏杆上下楼梯，双脚交替着一步一阶地走。则表明宝宝达到24个月智能发育标准。

精细动作

细线穿扣眼。妈妈可以用细线穿过扣眼，并用另一只手将线拉出，然后，鼓励宝宝去做，观察他的反应。如果宝宝能将细线穿过扣眼，并用另一只手将线拉出。则表明宝宝达到24个月智能发育标准。

认知能力

能指对人体的7个部位，如大人说鼻子，他便指鼻子。在大人的询问下，能指对7个部位，如鼻、眼、耳、口、头发、手、脚等。则表明宝宝达到24个月智能发育标准。

言语交流

会说50多个字，发音已比较清楚，但尚不够准确。宝宝开始能清楚地用字表达，虽然用的字可能不易听清，但已不仅仅是声音的变调了。能说出名称、用途和部位，相继给宝宝看两张画、四件物品，宝宝能说出画中的形象，如小狗、小兔，以及物品，如杯子、帽子的名称和用途。如果指着身体部位问宝宝，宝宝至少也会说对一个，如指着鼻子问他时，宝宝会答出"鼻子"。则表明宝宝达到24个月智能发育标准。

第十六章

25～36个月：为宝宝打开知识的门窗

在这个阶段，父母首先要善于给宝宝提问题，激发宝宝对周围世界的一种求知欲望，在日常生活中因地制宜地创设学习环境，时时处处为宝宝打开知识的门窗，培养宝宝的注意力、记忆力和观察分析能力，使宝宝更聪明、更可爱。

本阶段身体发育特点

2～3岁的宝宝是婴幼儿期中最重要的时期，在这一时期，宝宝的智力和情感的成长速度非常惊人。在2岁多宝宝的身上同时有着有些事想要自己干的欲望和缠着妈妈撒娇的强烈依赖性。

身高

这时男宝宝的平均身高约为96.3厘米，女宝宝的平均身高约为93.9厘米。

体重

这时男宝宝的平均体重约为14.6千克，女宝宝的体重平均约为14.1千克。

头围

这时男宝宝的平均头围约为49.1厘米，女宝宝的平均头围约为48.1厘米。

情感发育状况

宝宝很想探索外面的世界并寻求冒险经历，但宝宝仍缺乏在冒险过程中必需的许多技能，因此需要父母的保护。

宝宝仍不能控制自己的情感冲动，因此宝宝生气和遇到挫折感时会哭泣、踢打和尖叫。

社交能力发育状况

宝宝更关心自己的需要，而且行为也更加自私。因为宝宝不理解其他人在这种情况下的感受，认为每一个人的感受和想法都与他们完全一样。

科学的饮食营养

现阶段的宝宝，饮食状况基本稳定，但爸爸妈妈仍要注意避免产生营养补充的误区和不合理的进食方式。

宝宝缺乏营养的对策

当宝宝情绪不佳、有异常时，应考虑其体内可能缺乏某些营养素。

· 反应迟钝、表情麻木提示体内缺乏蛋白质与铁。

· 固执、胆小，多因维生素A、B族维生素、维生素C及钙摄取不足所致。

· 不爱交往、行为孤僻、动作笨拙可能缺乏维生素C。

· 夜间磨牙、手脚抽动、易惊醒常是缺乏钙的一种信号。

· 喜吃纸屑、煤渣、泥土，多与体内缺乏铁、锌、锰等有关。

一旦发现宝宝异常、营养不良，务必要在医生的指导下，调整宝宝饮食和补充营养物质。

纠正宝宝贪吃零食方法

爱吃零食会导致宝宝饮食规律不正常，破坏消化功能，引起食欲减退，降低身体免疫力。纠正吃零食的坏习惯要做到以下几点。

· 不要让宝宝吃过多零食，首先大人也不吃零食，至少不在宝宝面前吃零食。

· 宝宝吵着吃零食的时候，可以带他做一些有趣的活动，转移他对零食的注意力。

· 经常和宝宝讲吃零食造成的不好后果，如有蛀牙、影响生长发育等。

· 不要拿零食做诱饵来逗引宝宝，以免让他觉得零食是好东西。

❀ 不要饮食无度

避免对宝宝过分迁就，要吃什么就给什么，要吃多少就给多少，有的父母总认为宝宝没吃饱，像填鸭似的往宝宝嘴里塞，认为只要吃下去就有营养，结果引起积食及肥胖。严格来讲，饮食应根据宝宝生长发育的需要来供给，每餐进食量要相对固定，品种要丰富，营养要均衡。

❀ 宝宝不宜多吃巧克力

虽然巧克力的热量高，但它所含营养成分的比例，不符合宝宝生长发育的需要。宝宝生长发育所需的蛋白质、无机盐和维生素等，在巧克力中含量均较低；宝宝的生长发育需要各种营养素平衡的膳食，如肉类、蛋类、蔬菜、水果、粮食等，这是巧克力无法代替的；食物中的纤维素能刺激胃肠的正常蠕动，而巧克力不含纤维素；巧克力中所含脂肪较多，在胃中停留的时间较长，不易被宝宝消化吸收。吃巧克力后容易产生饱腹感。如果宝宝饭前吃了巧克力，到该吃饭的时候，就会没有食欲，即使再好的饭菜也会吃不下。可是过了吃饭时间后宝宝又会感到饿，这样就打乱了宝宝正常的生活规律和良好的进餐习惯；此外，巧克力吃多了容易在胃肠内反酸产气而引起腹痛。

💗 专家指导

有节制地食用巧克力

父母应该选择适当的时间，有节制地给宝宝食用巧克力。比如说，每天只给宝宝吃一次巧克力，每次只一块，时间可安排在两餐之间，不要影响宝宝吃正餐。或者在宝宝大运动量活动之后，给宝宝吃一块巧克力，有助于宝宝恢复体力。特别是父母要给宝宝作出榜样，尽量当着宝宝的面不要表现出自己对巧克力的嗜好。

进食定时定量

如果宝宝什么时候要吃，就什么时候喂，没有按时进食的习惯，每天餐次太多，餐与餐之间间隙不合适，饥饱不均，会造成宝宝消化功能紊乱，生长发育需要的营养素得不到满足。因此，宝宝从小就要养成良好的饮食习惯，进食要定时定量，一日三餐为正餐，早餐后2小时和午睡后可适当加餐，但也要定量。

充分咀嚼食物

不要过分要求宝宝加快吃饭速度。由于宝宝的胃肠道发育还不完善，胃蠕动能力较差，分泌胃液的质和量均不如成人。如果在进食时充分咀嚼，在口腔中就能将食物充分的研磨和初步消化，就可以减轻下一步胃肠道消化食物的负担，提高宝宝对食物的消化吸收能力，保护胃肠道，促进营养素的充分吸收和利用。

预防宝宝早期肥胖

据有关数据表明，小儿肥胖与遗传有关。父母中如有一人肥胖，那么，宝宝出现肥胖的概率约为40％。若父母双方均为肥胖者，那么宝宝肥胖的概率可达70％。对有肥胖家族史的孩子来说，预防肥胖尤为重要。预防方法主要有以下几点。

·合理喂养。营养品种多样化，热量摄入应按照月龄需要喂养，保证正常生长发育为好。

·期间饮食需要有规律，不要用哺喂的方法应对孩子的非饥饿性哭闹。

·宝宝生长发育阶段需要大量蛋白质供应，但是对于肥胖孩子来说，要控制其动物性脂肪和糖类的摄入，注意坚持锻炼身体，多参加户外活动。

精心的日常呵护

幼儿时期是良好习惯和不良行为养成的时期，在这一时期，父母应多留意宝宝的举动，及时矫正宝宝的不良行为，并鼓励和肯定宝宝的良好习惯。

主动使用礼貌用语

礼貌用语虽然都很简单，但要让宝宝养成习惯并主动说出，就不是件容易的事了。如果宝宝主动叫人或使用文明用语，做父母的要及时给予表扬，让宝宝知道懂礼貌的宝宝是人人喜爱的。

养成良好的行为

一些良好的行为在家就要训练好。大人要训练宝宝说话时不要大声喧哗、说话要清楚，与大人讲话时要看着对方的眼睛，注意倾听。当大人正在谈话时，宝宝不要随便乱插嘴等。

学会接待客人

客人到家，正是妈妈训练宝宝礼貌待客的好机会。客人进门，宝宝甜甜地问声好，将客人领进来，稍大一点的宝宝，妈妈不如放手让他摆摆糖果、放放饮料等。如果有宝宝的小客人来访，大人除了热情招待外，还要让宝宝自己学做小主人，领着小朋友到处看看，拿出心爱的玩具和小客人一起分享。

用自己的方式与小伙伴相处

告诉宝宝和小伙伴交往要谦和。小朋友有自己的交往方式，懂礼貌的小朋友见了面会拉拉小手，碰碰身体，点点头。遇到矛盾，大人要引导宝宝轻松解决，小朋友一起商量，学会一些自己解决问题的方法和交往的法则，这样宝宝交往起来会觉得很轻松，性格也会更温和。

做客的学问

带宝宝到别人家做客时，要教育宝宝不要大声喧哗，不要狠抓主人递过来的糖果，和主人家小朋友要友好相处。在做客处一定不可去拉别人家的抽屉或翻别人的柜子，也不要到主人家的卧室特别是床上打打闹闹。

让宝宝练习用筷子

教宝宝使用筷子会促进宝宝手的灵活性，并由此而促进脑的发育，增强智力。随着宝宝手的灵活性的不断发展，可逐渐培养宝宝使用筷子。当然宝宝在这个年龄段想要学会自己吃饭主要还是用勺子，筷子只能是作为一项练习，例如在给宝宝吃香蕉时，可以将香蕉切成小块放入盘子中，让宝宝试着用筷子把香蕉夹起来并送入嘴里，父母要对宝宝的进步与成功给予及时的真诚的夸奖。

认识日常用品

在日常生活中，父母可结合具体的情况教宝宝认识日常用品的用途，这样做的目的是丰富宝宝的词汇量，发展宝宝的语言表达能力，同时还利于发展宝宝对周围事物的兴趣，这对培养宝宝独立生活的能力起着很大的作用。

♥ 专家指导

教与问的结合

在教宝宝认识东西的过程中，父母要用教与问的方式，一方面结合具体的实物给宝宝讲讲这叫什么，用来干什么等。在宝宝有了一定的了解后，爸爸妈妈可以抓住机会向宝宝提问。

学会整理自己的衣服

家庭生活中经常要做的事情之一就是整理衣服，当妈妈从晾衣服的地方将全家人的衣服收拢，放在床上时，就一定要请宝宝帮助收拾。从日常生活和观察中，宝宝就能认识这是妈妈的裙子，那是爸爸的裤子，这是宝宝的外衣等。先让宝宝学习将衣服大致叠好，将属于每个人的衣服各放在一边，然后找到衣柜中放妈妈裙子的地方，放爸爸裤子的地方，放自己衣服的地方并把衣服放好。当宝宝认识了每个人放东西的地方之后，他就可以随时帮助父母取到所需要的东西，而且知道了家中的东西要放在固定的地方，不能随意放置。宝宝得到了经常练习的机会，熟能生巧，渐渐地学会衣服怎样叠整齐。

自己的事情自己做

父母只要从事事都代替宝宝去做的思想中解放出来，就有可能让宝宝学会自己的事情自己做。一旦宝宝养成了什么事都应该由妈妈做的习惯，就会影响到宝宝独立性格和自理能力的培养，特别是当宝宝没有伙伴同玩的时候，除了接触家里人以外而不了解其他人时，更是如此。在2～3岁的宝宝中，父母们如果放手让宝宝们去做，很多事情宝宝是可以做到的。例如，要逐渐引导宝宝自己穿脱衣服。对于2岁多的宝宝来说，给宝宝解开部分扣子，只要是能脱下来就好。在穿脱衣服的练习中，如果要是有愉快的目标，宝宝就会做得很快。夏天因为要洗澡或到户外去玩，对宝宝说声要换上衣，宝宝都会主动去做。所以，父母千万不要习以为常地帮助宝宝穿脱衣服，要给宝宝独立练习的机会。

疾病的预防与护理

2～3岁是婴幼儿阶段最重要的时期，父母要随时注意到宝宝身体的一些异常的变化，以便及时发现病情，及早到医院进行就诊。

宝宝烫伤的防治

烫伤是宝宝的常见病多发病之一，尤以1～3岁最多。由于严重的烫伤会给宝宝遗留可怕的后果，造成宝宝终生的身心障碍。

谨防洗澡水烫伤宝宝

给宝宝洗澡时，如果先放热水后加冷水，一旦放完热水后准备去提冷水，无知的宝宝就有可能不慎跌入盛有热水的盆中引起烫伤。因此给宝宝洗澡时父母一定要多加留意，应该先放冷水后再兑热水。

让宝宝远离电热源

热水瓶、电饭锅、热茶杯等不要放在宝宝能够接触到的地方，以免在宝宝蹒跚行走时，碰到热水瓶或电饭锅，造成烫伤。

避免热液烫伤宝宝

不要让宝宝独自面对热汤、热粥、热奶等，因为宝宝对周围事物很感兴趣，但手脚尚不灵活，容易碰翻热液，引起烫伤。

宝宝烫伤后处理

宝宝烫伤后，父母不必紧张。首先要将宝宝脱离热源，例如穿着浸透有开水的衣服应将它迅速去除，如果皮肤仅仅有点红、肿，而范围比较小，没有起水泡，可以给宝宝涂抹蓝油烃软膏即可，也可暂时代涂抹牙膏以减轻疼痛。对于面积较大的烫伤，则应用干净的被单将宝宝包裹后立即送往医院进行诊治。

❀ 宝宝上火的应对措施

日常生活中，常常会见到宝宝有便秘、尿黄、眼屎多、口舌生疮等症状，于是老人们便会提醒家长，宝宝"上火"了。现代医学解释是炎症，多是由各种细菌、病毒侵袭机体，或是由于积食、排泄功能障碍所致。那究竟要怎么预防"上火"呢？

♥ 睡眠充足

保证宝宝睡眠充足，宝宝睡眠时间稍长，一般为10个小时左右。人体在睡眠中，各方面机能都可以得到充分的修复和调整。

♥ 多吃蔬菜水果

在饮食方面，多给宝宝吃一些绿色蔬菜，如圆白菜、菠菜、青菜、芹菜。蔬菜中的大量纤维素可以促进肠蠕动，使大便顺畅。

育儿小百科

宝宝皮层薄，很容易丧失体内水分，尤其是在秋天，水分的丧失会更加严重。所以在两餐哺乳或正餐之间，给宝宝多补充水分是预防上火最简便的方法。

♥ 控制零食

平时多注意控制宝宝的零食，不购买或给宝宝少吃易"上火"的食物，如油炸、烧烤食物。少吃瓜子或花生，水果中的荔枝。尽量少喝甜度高的饮料，最好喝白开水。

♥ 养成良好的排便习惯

让宝宝养成良好的排便习惯。每日定时排便1～2次。肠道是人体排出糟粕的通道，肠道通畅有利于体内毒素的排出。因此，可以多给宝宝吃苹果、芹菜、西瓜、香蕉等水果，全麦面包、玉米粥也要常吃，因为粗粮中含有丰富的膳食纤维。

智能开发与训练

为了增强宝宝的认知能力，父母要坚持对宝宝进行语言能力、思考能力的训练，引发宝宝的学习兴趣。在日常生活或游戏中，无论遇到什么困难，父母首先就应该问宝宝："你有什么好办法吗？"这对培养宝宝独立思考的能力是有利的。

谦让意识的培养

培养宝宝的谦让意识，让宝宝了解集体与个人的关系，把自己从"我"的概念中摆脱出来。应该让宝宝从小懂得，大家生活在一起，他需要的别人同样也需要，也同样有享受的权利。例如，在吃东西时，让宝宝学会愉快地把大的、好的拿给爷爷奶奶、爸爸妈妈吃，把小的不好的留给自己，使宝宝懂得谁最辛苦谁就应该得到更多。

有意培养协商技能

爸爸妈妈在生活中应该注意培养宝宝协商的技能。比如，爸爸正在看电视，宝宝的儿童节目开始了，这时应该怎么办？妈妈要引导宝宝跟爸爸商量解决，而不是所有的人都由着宝宝。妈妈可以教宝宝一些跟别人商量时的态度、口气和话语等。爸爸当然也要配合了，让宝宝知道协商是一种非常管用的解决问题的方法。

在游戏中体验合作的快乐

现在的人际交往中，合作已经成为一个重要的内容，没有合作意识和能力的人会被社会所淘汰。父母可以告诉宝宝，有些事情一个人做不了，需要大家的力量才能完成，这就需要大家相互合作。还可以让宝宝和其他小朋友一起游戏，在游戏交往中体验合作的快乐。比如玩球，只有合作配合才能玩好。

❤ 让宝宝学会自己解决冲突

每个人的社会交往能力都不是与生俱来的，都要经过后天的培养，爸爸妈妈这时要对宝宝多进行这方面的训练。很多父母一看到几个宝宝发生了冲突，就会立即冲上去，或斥责自己的宝宝或指责别人的宝宝，这样对宝宝的人际交往能力的提高不仅没有促进作用，甚至还会误导宝宝，让宝宝以后也粗暴地对待冲突。建议父母看到宝宝们发生冲突时，先不要参与，静静地观看宝宝是怎样以自己的方式解决的，如果解决得好，父母可以鼓励表扬，如果解决得不好，父母再去帮忙解决也不迟。

❤ 训练宝宝用完整语句表达

爸爸妈妈要把宝宝的简短的、成分不全、意思不明确的语句扩展成完整的简单句，把颠倒的词序正确排列。当宝宝说"妈妈，喝水"，妈妈应教给宝宝说"妈妈，我要喝水"；宝宝说"看电视，爷爷"应被纠正为"爷爷在看电视。"这样的练习应该结合生活中的实际场景，随时随地的加以练习，如"这是汽车""那是阿姨""姐姐在写字""叔叔在唱歌"等。此外，父母在生活中也要以身作则，自己说话也应说完整的、词序正确的句子。

❤ 专家指导

如何更好地培养宝宝的注意力

除了对宝宝进行注意力训练之外，还要找出宝宝注意力不能集中的原因，这样就可以对症下药，一方面帮助他排除和解决一些妨碍他集中注意力的因素，另一方面配合注意力的训练，提高宝宝的自我控制能力。

训练宝宝从多个角度想问题

父母应该注意训练宝宝从不同的角度想问题，以培养其思维的多极性。比如，让宝宝对任何一个解决方案，都要考虑有利和有弊的一面。对同一个问题，不仅会正向思维，也会逆向思维，还会横向思考。父母可问宝宝这样的问题："把身上带的所有的钱都给你买好吃的和好玩的好吗？"宝宝听后刚开始可能会赞同，此时可要求宝宝再从正、反几个方面重新考虑，宝宝经过认真思考后，往往会改变原先的想法。

悄悄话游戏

爸爸妈妈可以通过说悄悄话的游戏，锻炼宝宝听话、传话的能力，并激发宝宝说话的兴趣。这个游戏需要父母都参加，妈妈先跟宝宝说悄悄话，然后让宝宝小声告诉爸爸，

妈妈问爸爸刚才说的是什么，判断宝宝是否听懂了，并且传达得是否正确，然后继续游戏。这时的宝宝要听懂耳语，只靠听觉而没有其他辅助途径，是有一定难度的。开始游戏时，妈妈要先说宝宝感兴趣的短句，让宝宝一次传话成功，增强信心，增加兴趣。

因果问答游戏

对宝宝进行因果关系的训练，即训练宝宝思考某个行为带来的可预测的后果。父母可以这样问宝宝："如果我忘记关上水龙头，让它开了一整夜，你想会发生什么事？""如果没有了太阳，那么世界会变成什么样？"等。在和宝宝玩因果游戏时，父母也可以和宝宝交换角色，由父母想象结果，宝宝问问题。

本阶段宝宝智能发育测试

3岁的宝宝已经是个小大人了，已经会做许多的事情。看看宝宝能否通过下面的测试吧。

大动作

父母先做出双脚同时离开地面跳起动作，然后鼓励宝宝模仿，观察宝宝能否双脚同时离开地面跳起。结果宝宝能双脚同时离开地面，并同时落地2次以上，则表明宝宝达到36个月智能发育标准。

认知能力

宝宝对左右有了深刻的认识，如父母可以让玩具车、泰迪熊和宝宝排排坐，然后分别问宝宝，"谁坐在你的左边"或"谁站在你的右边"等问题，让宝宝经过思考后便能给出正确的答案，则表明宝宝达到36个月智能发育标准。

言语交流

宝宝自我意识越来越强，父母可以询问宝宝："你叫什么名字？"宝宝能正确地回答自己的名字，询问宝宝："你是男孩还是女孩？"宝宝能正确回答出自己的性别，则表明宝宝达到36个月智能发育标准。

情绪与社会行为

当宝宝和玩伴在一起时，开始懂得遵守规则，不再自顾自玩，也喜欢玩过家家或打仗之类的游戏。玩积木或堆沙时也会设计各种形状，换句话说，宝宝已经会玩需要判断力的游戏了，也表明宝宝达到36个月智能发育标准。